中国海绵城市建设创新实践系列（总策划 刘宏伟）

绽放——鹤壁海绵城市建设典型案例

HEBI, THE PILOT SPONGE CITY STRATEGIES, CASES AND BEST PRACTICES

刘文彪　主编

中国建筑工业出版社

编委会

主　　　编：刘文彪

副　主　编：王永青　郭风春　雷建民　白树民　常文君　郑全智　李红生

编委会成员：刘尚海　孙聪会　张　全　孔彦鸿　龚道孝　刘广奇
　　　　　　莫　罹　周莉莉　王国伟　刘广云　李树宽　胡万军

编写组成员：刘金锋　曹胜利　王荣乾　马宇驰　王召森　周飞祥
　　　　　　贾书惠　张振霖　马　超　刘彦鹏　徐秋阳　王贵南
　　　　　　李　婧　高均海　程小文　李昂臻　王巍巍　张广彬
　　　　　　苏东刚　王浩然　刘家林　靳思达　秦　楠　李士东
　　　　　　高天福　赵长亮　程远志　徐琛伟　王咏清　刘志方
　　　　　　夏瑞光　常志洪　权　帅　常玉杰　郑　翔　王洪绅
　　　　　　秦　雯　刘江博　齐　晓　侯秦波　黄　飞　李世光
　　　　　　高靖翔　吕　晓　崔　潇　彭　岳　孟凡能　吴　凡
　　　　　　薛宗熠

序一：鹤壁的海绵城市建设经验是可以推广的

合抱之木，生于毫末，九层之台，起于累土。鹤壁市海绵城市建设经过近5年的探索实践，实现从无到有、逐步成熟到日臻完善。作为全国首批、全省唯一的国家级海绵城市建设试点，鹤壁市委、市政府高度重视海绵城市建设工作，认真贯彻海绵城市建设理念，持续完善顶层设计，健全机制体制，创新方式方法，强化全域管控，累计投入资金34亿元，实施6大类276个项目，取得了良好的社会效益和生态效益，并总结出了"五位一体"的鹤壁经验模式，具有较高的推广价值。

2019年5月29日，全省推进海绵城市建设座谈会在鹤壁市召开，鹤壁市组织来自全省各地的同行考察了建筑小区、公园绿地、道路广场、水系治理等不同类型的样板项目，鹤壁市因地制宜、大胆创新的做法，给与会者留下了深刻的印象。

《绽放——鹤壁海绵城市建设典型案例》一书，从专业的角度，再次还原了这些样板项目的策划、设计、实施过程，浓缩了鹤壁市近5年海绵城市建设经验，具有较高的参考和学习价值。各城市在海绵城市建设中，应积极学习、借鉴鹤壁的先进经验和做法，认真落实新发展理念，结合自身实际，坚持目标引领和问题导向，持续完善实施方案和工作机制，扎实推进海绵城市建设，努力实现海绵城市的综合效益。

河南省住房城乡建设厅副厅长

序二：探寻海绵之路

鹤壁，这座曾经以水文化而知名的古韵之邑，是历代文人墨客不吝笔墨描绘的桃源之地，也是近现代面临转型的资源型之城。

新时期对城市建设有了新的要求，如何摒弃传统的城市建设方式，开拓一条生态优先、绿色发展之路，彰显曾经的水文化名片是鹤壁市面临的新的挑战。

自入围第一批国家海绵城市试点以来，鹤壁市积极探索、勇于实践，一直坚定地走在海绵城市建设的第一梯队。4年多以来，鹤壁市经历了自理论至实践、自试验至成功、自借鉴至创新的探索历程，并最终取得了可喜的成绩，这个过程无不凝结着鹤壁海绵城市建设者的努力和汗水。

本书承接《海绵之路——鹤壁海绵城市建设探索与实践》，由海绵城市自规划设计至落地实践的宏观系统视角转自微观典型项目案例视角，收纳鹤壁市海绵城市试点建设4年来的典型案例，涵盖建筑小区、市政道路、公园绿地、内涝防治和城市水系等多类型项目，更加翔实、全面、精准地展现了鹤壁海绵城市建设的经验和成效。

博观而约取，厚积而薄发。海绵城市作为新兴的城市建设和发展理念，亟需总结各个试点城市在落地实施和推广应用过程中经验和教训，为下一步系统化全域推进海绵城市建设提供强有力的技术支撑。本书精选的典型案例作为鹤壁海绵城市建设的精华汇总，无保留地向读者呈现不同类型建设项目的实践经验，能够为华北地区同类城市提供宝贵的借鉴和参考价值。

我们有理由相信，依托海绵城市建设的蓝图，鹤壁"淇水潋潋，桧楫松舟"的盛景将得以再现！

中规院（北京）规划设计公司总经理
住房城乡建设部海绵城市专家委员会委员
中国水协海绵委主任委员

前言：水文化名城的二次绽放

城市与水：一座因水而生的城市

巍巍太行鹤舞城，桧楫松舟水茫茫。因"仙鹤栖于南山峭壁"而得名的鹤壁，坐落于太行山东麓，地处晋、豫、鲁交界，是一座拥有3000多年历史的文化古城，更是一座具有丰厚底蕴的水文化名城。著名的诗河、史河、文化河——淇河是鹤壁的母亲河，素有"淇河的鹤壁　鹤壁的淇河"之称，其历史可追溯至公元前1100年，彼时的鹤壁"因淇而生　因淇而兴"，并孕育出了著名的诗经文化，《诗经》中描绘淇河两岸风土人情和自然风光的诗歌多达39篇。伴随着农业文明的发展，借助日益进步的工程技术，人们开始尝试"引淇开渠　发展农业"，1915年，在袁世凯的资助下修建引水渠，"引淇河之水以灌良田"，成功解决了区域农灌问题，滋养了一方人，成为一时佳话，史称"天赉渠"。

发展之殇：日益凸显的人水分歧

进入工业文明时代后，鹤壁坐拥丰富煤炭资源的优势凸显，带来了社会经济的飞速发展。然而，在城市光鲜亮丽的背后，是长期"重发展、轻保护，重经济、轻环境"导致的日趋凸显的人水分歧：城市内河水体黑臭、岸线破败、垃圾堆砌；天赉渠沿线人水争地，导致古河道苟延残喘、命悬一线；城市排水通道拥阻，内涝灾害时有发生。人水分歧成为鹤壁这座传统资源型城市在面临煤炭资源枯竭困局时，选择生态转型、高质量发展之路的重要制约。

海绵试点：新时代，新理念，新机遇，新挑战

历史总是惊人的巧合，在天赉渠修建整整100年后，2015年4月，鹤壁市成为国家第一批海绵城市建设试点城市，被赋予新时代背景下系统治水的历史使命。在城市转型过程中如何平衡生态保护与经济发展，传承和发扬传统水文化，彻底解决人水分歧，实现人水和谐，是鹤壁海绵城市试点建设面临的重要命题。享受中央资金的支持成为鹤壁市彻底解决人水分歧的重大机遇，与此同时，也面临着试点周期短、建设任务重、考核标准高等多重挑战。

在海绵城市试点建设中，通过系统分析试点区城市建设短板，结合城市转型发展目标，鹤壁市确定了以改善水环境和保障水安全为核心，以保护母亲河淇河水环境和修复历史水脉天赉渠为抓手，统筹绿色设施与灰色设施、统筹近期目标与远期目标、统筹景观效果与生态功能、统筹地上设施与地下设施、统筹问题导向与目标导向的工作思路。在具体项目选择上，将雨水控制源头项目与老旧小区更新改造相融合，将历史水脉保护修复与传承发扬传统文化相融合，将排水防涝能力建设与综合防灾体系构建相融合，将水生态敏感区保护与生态安全格局构建相融合，将海绵城市试点建设与创建国家园林城市相融合，通过五个层面的融合，规避"为海绵而海绵"、"打补丁式海绵建设"等非良性推进方式，将海绵城市建设融入城市开发建设大盘子中，以有效促进城市建设高质量发展和城市人居环境改善，切实提升城市居民幸福感、获得感，实现以人民为中心的发展理念。

建设效果：水文化名城的二次绽放

4载试点，千日征程，挥毫谱绘奏新章。自2015年以来，鹤壁市圆满完成6大类273项建设项目，并以优异的成绩通过国家海绵城市试点验收。海绵城市建设中诞生的"鹤壁模式"享誉全国，并在华北地区实现复制、推广和应用。

4年的试点建设期，1000余个日日夜夜，见证了一个规划从蓝图到落地的坚守，见证了一个理念从呱呱坠地到生根开花的蜕变，更见证了一个水文化名城的二次绽放。

4年前的鹤壁，水体黑臭、岸线破败；

4年后的鹤壁，水清岸绿、鱼翔浅底。

4年前的鹤壁，天赉渠苟延残喘，命悬一线；

4年后的鹤壁，天赉渠芳华重现，水润鹤城。

4年前的鹤壁，排水拥阻，时有内涝；

4年后的鹤壁，水通水畅，人民安乐。

继往开来：不忘初心，砥砺前行。

过去4年对于鹤壁是不平凡的4年，也是辛勤付出的4年，更是收获颇丰的4年。鹤壁海绵城市试点建设的圆满完成和优良成效，得益于住房和城乡建设部、财政部和水利部的关心和厚爱，得益于中共河南省委、省政府给予鹤壁的大力支持，也得益于住房和城乡建设部城市建设司、河南省住房和城乡建设厅的精心指导！离不开社会各界领导、专家、学者们的悉心指导，更离不开奋斗在一线的工程管理人员、设计人员、施工人员的辛劳和付出。

为更好的总结四年来鹤壁市海绵城市试点建设工作，为全国尤其是华北地区同类城市提供借鉴和参考，我市编撰了《绽放——鹤壁海绵城市建设典型案例》一书。本书从鹤壁市基本情况入手，介绍了试点区城市建设情况和生态本底特征；系统全面地展示了涵盖片区建设、建筑小区、市政道路、公园绿地、内涝防治、城市水系等不同类型海绵城市建设项目的典型实践案例。在本书出版之际,我们由衷地向一直以来关心鹤壁、支持鹤壁的领导、专家、学者、技术人员表示感谢!

初心如磐,使命在肩。某种意义上,本书的出版,既是总结过去,更是警醒全体建设者要始终坚守初心使命,继续砥砺前行,在新的历史起点上重整新装再出发。

在历史的长河中,4年只是短暂的瞬间。在广袤的国土中,$30km^2$只是极小的空间。成绩属于过往,海绵城市建设永远在路上,如何结合试点建设的实践经验,系统化全域推进海绵城市建设是我们下一步工作的重点,真诚期待更多致力于海绵城市建设的同仁与我们一起携手,为建设人类美好家园而持续努力。

鹤壁市委常委、统战部长

目　录

序一：鹤壁的海绵城市建设经验是可以推广的　　VI

序二：探寻海绵之路　　VII

前言：水文化名城的二次绽放　　VIII

综　述　　001

第1章　片区建设：从蓝图到落地　　017

1.1　试点区海绵城市建设　　018

　　1.1.1　问题需求　　018

　　1.1.2　建设目标　　022

　　1.1.3　建设方案　　023

　　1.1.4　建设成效　　039

　　1.1.5　效益分析　　053

第2章　建筑小区：与人居环境提升深度融合　　055

2.1　应急管理局大院海绵城市改造　　056

　　2.1.1　项目概况　　056

　　2.1.2　问题需求　　057

　　2.1.3　建设目标　　058

　　2.1.4　建设方案　　059

　　2.1.5　建设成效　　068

2.2	建行北院海绵城市改造	072
	2.2.1　项目概况	072
	2.2.2　问题需求	074
	2.2.3　建设目标	075
	2.2.4　建设方案	075
	2.2.5　建设成效	082
2.3	教育局大院海绵城市改造	088
	2.3.1　项目概况	088
	2.3.2　问题需求	089
	2.3.3　建设目标	090
	2.3.4　建设方案	091
	2.3.5　监测评估	098
	2.3.6　模型模拟	100
	2.3.7　建设成效	106

第3章　市政道路：不仅仅是"透水铺装"　　109

3.1	淇滨大道海绵城市改造	110
	3.1.1　项目概况	110
	3.1.2　问题需求	112
	3.1.3　建设目标	112
	3.1.4　建设方案	113
	3.1.5　建设成效	122

第4章　公园绿地：将海绵"藏"入景观　　127

4.1	桃园公园海绵城市建设	128
	4.1.1　项目概况	128
	4.1.2　问题需求	130
	4.1.3　建设目标	130
	4.1.4　建设方案	131
	4.1.5　建设成效	145

第5章　内涝防治：告别"城市看海"　　149

5.1	淇水大道易涝点治理	150
	5.1.1　项目概况	150
	5.1.2　问题需求	151
	5.1.3　建设目标	153

	5.1.4　建设方案	153
	5.1.5　模型模拟	159
	5.1.6　建设成效	163

第6章　城市水系：从"水墨画"到"水彩画"　　167

6.1　护城河黑臭水体治理　　168

  6.1.1　项目概况　　168
  6.1.2　问题需求　　172
  6.1.3　建设目标　　178
  6.1.4　建设方案　　179
  6.1.5　建设成效　　193

后　记　　197

综 述

1. 鹤壁市基本情况

（1）河南省北部城市，京广线重要节点

鹤壁市位于河南省北部，太行山东麓向华北平原过渡地带，总面积2182km²，总人口164万人。北与安阳市郊区、安阳县为邻，西和林州市、辉县市搭界，东与内黄县、滑县毗连，南和卫辉县（今为卫辉市）、延津县接壤。鹤壁市是中原经济区沿京广发展轴重要的节点城市，南北大动脉京广高铁、京港澳高速等纵贯全境（图0-1）。

鹤壁市辖浚县、淇县、淇滨区、山城区、鹤山区等5个行政区和1个国家经济技术开发区、1个市城乡一体化示范区、4个省级产业集聚区（图0-2）。

（2）因煤建市，资源枯竭后向生态型城市转型

鹤壁市因煤建市、以煤兴市，是河南省特别是豫北地区重要的能源基地。1957年，鹤壁市建市，市政府位于鹤壁集镇；随着二矿、三矿的建设，1957年12月市政府南移到中山；后又随着五矿、六矿的建设，1959年，市政府又从中山迁到山城区。随着矿区的发展，老城区的周围基本都成为采煤塌陷区，城市的发展受到制约。1992年，鹤壁市决定建立淇滨经济开发区，随着规模的扩大，1999年5月市政府又迁到淇滨区。

由于长期大规模、高强度开采，本地煤矿资源日益衰减，并出现了较为严重的环境问题。在深入推进城市转型攻坚战的过程中，如何真正实现高质量发展、正确把握生态环境保护和经济发展的关系，是鹤壁市需要破解的难题。近年来，鹤壁市提出建设"生态活力幸福之城"，着力打造"天蓝、地绿、水清"的宜居环境，致力于向生态型城市转型，取得了良好的成效，并先后获得国家循环经济示范市、宜居城市、园林城市等荣誉称号。

图0-3为鹤壁城市发展双轴。

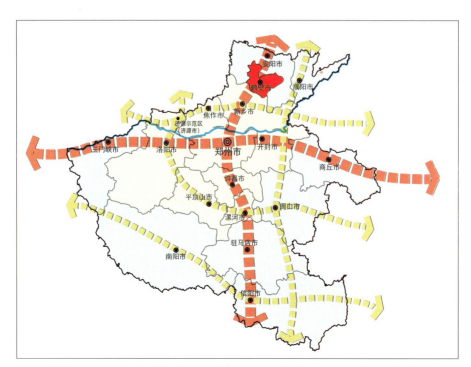

图0-1 鹤壁市区位图

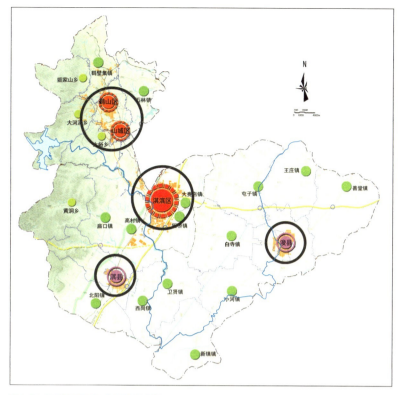

图0-2 鹤壁市行政区划&城镇体系图

图0-3 鹤壁城市发展双轴

（3）依山傍水，城市沿淇河带状发展

鹤壁市位于太行山东麓向华北平原过渡地带，整体上依山傍水，西北区域为山区，东南区域为平原。鹤壁市地表水体主要为淇河、汤河等，均发源于太行山，属于海河流域卫河水系。淇河是鹤壁居民生活及工农业生产的重要水源，被称为"母亲河"，淇河水质优良，可以达到地表水Ⅱ类标准，在河南省生态环境厅发布的18个省辖市的60条城市河流水质状况中排名第一。淇河两岸风景优美，新城区主要沿淇河带状发展，图0-4为淇河鹤壁城区段实景照片。

（4）老城区为山区，新城区地势极为平缓

鹤壁市地表形态复杂，有山地、丘陵、平原、泊洼地等多种地貌类型，基本地形由西北向东南倾斜。西北部（老城区）为太行山东麓低山区，最高点在西北部淇县、林州市、卫辉市交界山峰处，海拔1019m，山地坡度较大，大部分地区坡度为15°以上；东部（新城区）为平原，包括淇河平原、卫河平原、黄河故道平原等，以第四系黄土覆盖为主，除东部少数沙地外，大部分土地地势平坦，大部分地区坡度低于5°（图0-5）。

图0-4 淇河鹤壁城区段实景照片

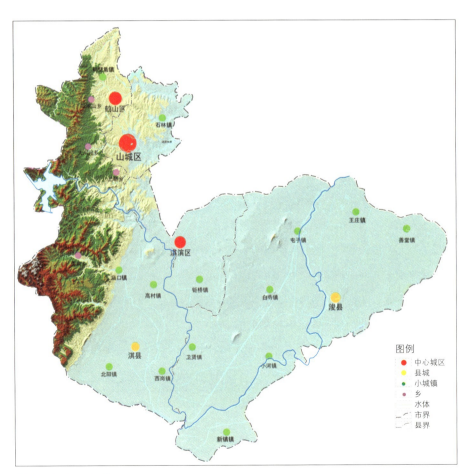

图0-5 鹤壁市地形变化图

（5）降雨量年内变化大，基本集中在雨季

鹤壁市属暖温带半湿润大陆性季风气候，四季分明，降水量年际、年内变化大。根据气象局的相关统计数据，鹤壁近30年平均降雨量615.8mm，年内分布极不均匀，6~9月降水量占全年降水量的70%~80%；年际变化相差很大，最大年降水量1626.9mm，最小年降水量仅有316.3mm，相差5.1倍。图0-6为鹤壁市1985~2014年逐月降雨量和蒸发量对比图。

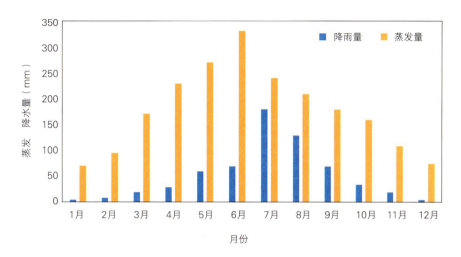

图0-6 鹤壁市1985~2014年逐月降雨量和蒸发量对比图

1）暴雨强度公式

2016年，鹤壁市气象局联合国家气候中心按照新的标准要求对暴雨强度公式进行了修订，修订后如下：

$$q=\frac{3968\ (1+0.6941\lg P)}{(t+16.7)^{0.858}} \quad (0-1)$$

式中　q——设计暴雨强度（L/s·hm²）；

P——设计重现期，取2年一遇；

t——降雨历时（min），$t=t_1+t_2$；

t_1——地面集水时间（min）；

t_2——雨水在管道内的流行时间（min）。

本书中相关典型建设案例在进行雨水管渠水力计算时，均采用该公式计算峰值流量。

2）年径流总量控制率与设计降雨量的关系

通过分析鹤壁市1984年1月1日~2013年12月31日的日降雨（不包括降雪）资料，按照《海绵城市建设技术指南——低影响开发雨水系统构建（试行）》中给定的分析方法，绘制出鹤壁市年径流总量控制率与设计降雨量之间的关系曲线，如图0-7所示。

其中，年径流总量控制率60%对应的设计降雨量为16mm，年径流总量控制率70%对应的设计降雨量为23mm，年径流总量控制率80%对应的设计降雨量为32mm。

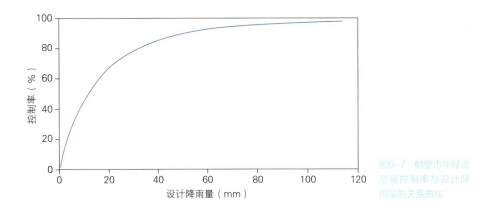

图0-7 鹤壁市年径流总量控制率与设计降雨量的关系曲线

3）短历时暴雨设计雨型

根据《鹤壁市短历时暴雨设计雨型技术报告》，鹤壁市30min、60min、90min历时设计暴雨的雨峰处于降雨过程的正中位置，120min、150min和180min设计暴雨的雨峰基本处于降雨过程的45%~50%分位。2年一遇2h设计暴雨的雨量为49.61mm，3年一遇2h设计暴雨的雨量为54.68mm，5年一遇2h设计暴雨的雨量为60.95mm（图0-8）。

4）长历时暴雨设计雨型

根据《鹤壁市长历时设计暴雨雨型技术报告》，基于新村水文站1985~2014年雨监测资料，参照《城市暴雨强度公式编制和设计暴雨雨型确定技术导则》和《室外排水设计规范》GB 50014—2006（2016年版）的相关要求，推求了不同重现期下长历时（24h）暴雨的设计暴雨量和雨型，平均雨峰位置为116/288（约40%分位），如表0-1、图0-9所示。

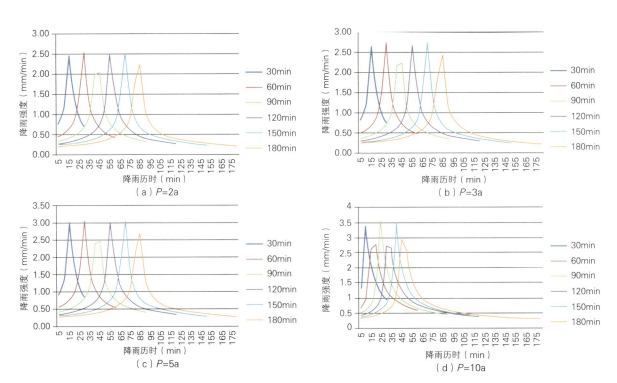

图0-8 鹤壁市重现期为2a、3a、5a、10a的短历时设计暴雨型分布图

鹤壁市24h历时各重现期设计暴雨量（单位：mm） 表0-1

重现期（a）	100	50	30	20	10
设计暴雨量（mm）	322.04	287.36	262.50	240.66	204.43

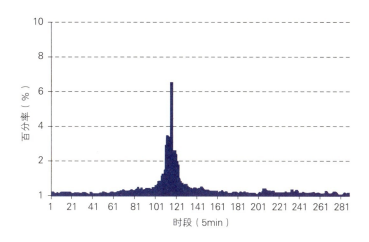

图0-9 鹤壁市24h历时设计雨峰雨型

5）典型年降雨数据

根据鹤壁市近30年日降水量分析结果，降雨量大于2mm的有效降雨天数为38天，降雨量大于23mm（对应年径流总量控制率70%）的降雨天数为8d，降雨量大于40mm的大雨天数为3d。通过分析统计近30年年均降雨量、有效降雨天数、不同程度降雨的天数，1995年、2004年和2011年的降雨特征与近30年年均降雨数据特征最为接近，考虑到新村水文站仅有2010年后5min间隔的降雨数据，故选取2011年作为典型年，其降雨数据如图0-10所示。

（6）地下水漏斗严重，土壤渗透性良好

鹤壁市处在华北平原地下水漏斗区的边缘，地下水漏斗现象较为严重，2015年以前地下水水位呈现逐年下降趋势。根据相关研究，鹤壁市地下水位连续下降的主要原因是农业超采，此外传统的城市建设模式致使硬化地面比例日益提高，降雨入渗回补地下水的能力越来越弱，也加剧了地下水下降的趋势。根据监测和统计数据，海绵城市试点区内浅层地下水的埋深基本超过了10m（图0-11、图0-12）。

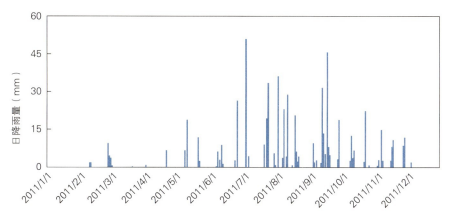

图0-10 鹤壁市2011年逐日降雨量变化图（新村水文站）

图0-11 鹤壁位于华北地区地下水漏斗区的位置　　图0-12 试点区浅层地下水等水位线图

根据地质勘察资料，鹤壁市地表浅层的主要为湿陷性土，深度在1~5m，属一级大孔土，土壤耐压力15kg/cm²；地表以下15m以内以粉质黏土为主，耐压力为25~45kg/cm²；另外，在个别地区如刘庄、王升屯一带分布有弱胀缩土，埋深多大于5m。山城、鹤山两区以及淇滨区北部为低山丘陵区，基岩裸露，抗压强度在100~3672.9kg/cm²；淇滨区中部及东部土质为粉质黏土、黏质粉土，局部夹砂及卵石层，土质较硬，承载力较高。

根据地质调查和钻探揭露，在勘察深度范围内地层从上往下可划分为8层，依次为粉土、粉质黏土、粉土、黏土、砂卵石、黏土、白干土、砾岩，承载力标准值依次为130kPa、150kPa、185kPa、210kPa、350kPa、280kPa、300kPa、400kPa。

2．试点区基本情况

鹤壁市海绵城市建设试点范围为：西起107国道，北到黎阳路，东至护城河，南临淇河，总面积约29.8km²，其中规划建设用地面积27.24km²，水域及生态绿地的面积为2.56km²。试点区控规拼合如图0-13所示。

（1）以现状建成区为主

鹤壁市海绵城市建设试点区内既有建成区面积约为24km²，主要位于试点区的中北部；在开发、待开发面积约为5.8km²，主要位于试点区南部。根据试点区2015年遥感卫片，南海路以北为现状建成区，南海路以南以待开发区域为主，主要市政道路和个别地块完成了开发建设（图0-14）。

（2）整体地势较为平缓

试点区的地势从西北到东南平缓下降，西北部高程值从103m均匀降至90m，试点区中部高程值从90m均匀降至85m，试点区东南部高程值从85m均匀降至72m。试点区范围内地势总体较为平缓，平均坡度为3‰左右（图0-15、图0-16）。

（3）内河多为农灌渠改造而成

试点区内的水系主要包括自然河道和人工沟渠。其中自然河道为淇河，人工沟渠主要为棉丰渠、天赍渠、二支渠、护城河等。

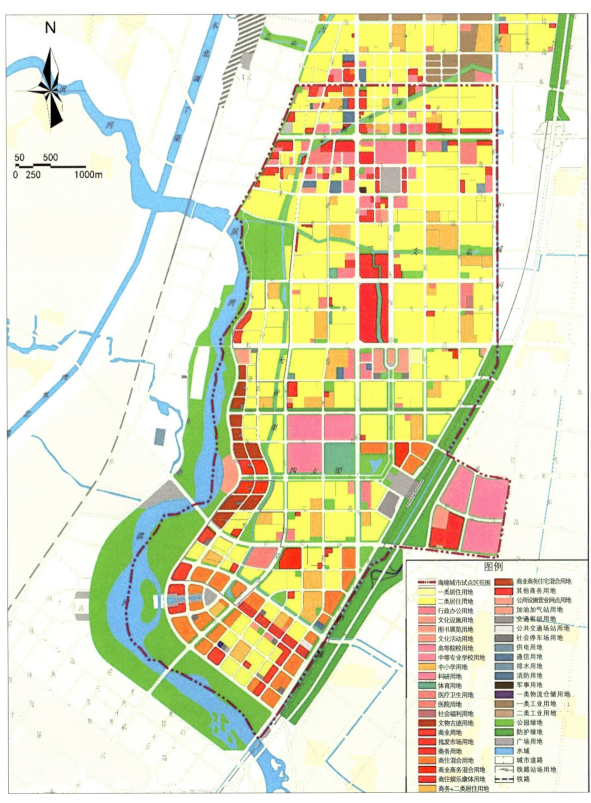

图0-13　试点区控规拼合图

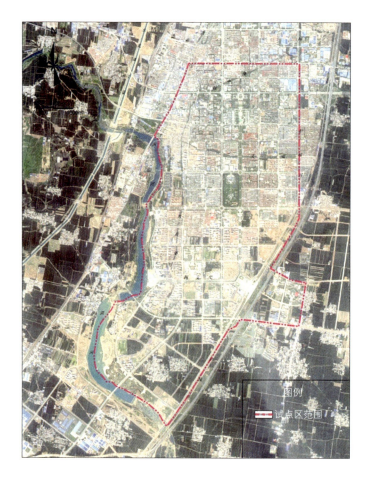

图0-14 试点区遥感卫星图(2015年)

图0-15 试点区高程分析图

图0-16 试点区坡度分析图

淇河为过境河流，发源于山西省陵川县棋子山，是海河流域漳卫河水系中卫河支流，全长162km，流域面积2142km²。淇河从新城区中部自北向南流过，承担区域防洪功能，上游盘石头水库是城市目前的重要水源地。淇河多年平均径流量为3.22亿m³，是典型的季节性河流，年内水量变化大，最大流量2710m³/s，最小流量1.07m³/s，平均流量14.35m³/s。

天赉渠、二支渠、棉丰渠是在原农灌渠基础上保留的水系，随着鹤壁市主城区迁至淇滨区后，按照城市景观河道进行了改造和建设，其景观补水主要依靠淇河引水，年均引水量约为3800万m³。护城河位于新区东部，于1994年开挖建设，全长约11.6km，北起经开区，南至淇河，与新区内其他渠道连通，是新区重要的排涝通道，图0-17为试点区现状水系分布图（2015年）。

3．生态本底条件

（1）河湖坑塘等自然海绵体分布

根据《海绵城市建设技术指南》，在城市开发建设过程中，应最大限度地保护原有的河流、湖泊、坑塘、沟渠等水生态敏感区，确保开发前后水生态敏感区面积不减少，维持城市开发前的自然水文特征。

试点区内全部为城市建设区域，无山脉、自然保护区、林地等，主要需要保护

图0-17　试点区现状水系分布图（2015年）

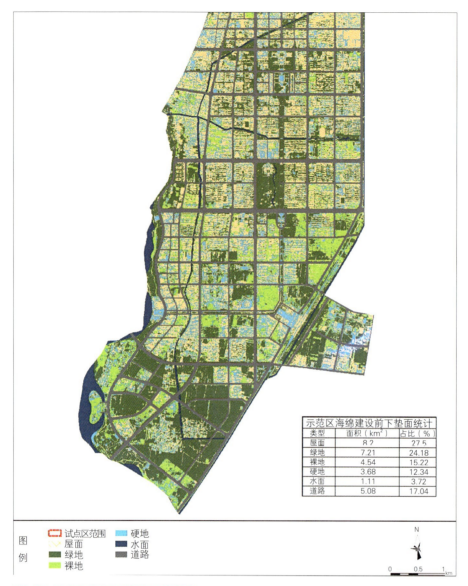

图0-18 试点区下垫面遥感解析图（2015年）

的生态要素为河流、湖泊、坑塘、沟渠等。通过走访调查，结合遥感解析结果，试点区内河流、湖泊、坑塘、沟渠的总面积为1.11km²（图0-18）。

（2）产汇流特征与河道生态基流

1）城市产汇流特征

采用XP Drainage软件，对鹤壁市海绵城市建设试点区进行城市未开发前的初始水文状况进行评估。在模拟时，将海绵建设前城市现状的下垫面组成要素中屋顶、道路和硬地按比例转变为未开发裸地及绿地。

试点区内的土壤渗透特性、竖向坡度等均采用本底数据，运行典型年（2011年）间隔5min降雨数据，模拟计算出试点区开发前的年径流总量控制率为71.18%。根据软件模拟结果，可以认为试点区开发前处于自然状态的年径流总量控制率为70%左右，按照海绵城市建设恢复城市开发前自然水文状态的原则，项目单体在进行海绵城市改造时的年径流总量控制率应按照70%左右进行设计，具体可根据项目的建设年代、绿地率、地下空间开发利用率等进行浮动。

2）河道生态基流估算

根据新村水文站1953~2006年逐月平均流量资料，盘石头水库修建前，淇河新村段多年平均流量10.4m³/s，年径流量3.22亿m³。

根据新村水文站2007~2014年逐月水量数据统计，2007年盘石头水库蓄水后，淇河中下游年径流量差异较大，平均年径流量在0.62亿m³，最大值为2012年的1.20亿m³，最小值为2009年的0.39亿m³。可以看出，修建水库后，淇河中下游径流量大幅度减少，平均年径流量下降到自然径流状态下的20%左右（图0-19）。

通过分析2007~2014年淇河新村水文监测断面逐月流量，可以看出，3~6月淇河的径流量相对较低，7~10月淇河径流量较大。其中，10月的平均径流量最大，为5.58m³/s，5月的平均径流量最小，为1.57m³/s（图0-20）。

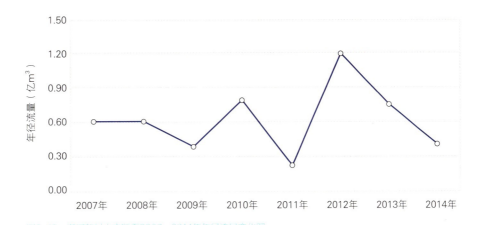

图0-19 淇河新村水文断面2007~2014年年径流量变化图

图0-20 淇河新村水文断面2007~2014年逐月平均径流量变化图

（3）不同下垫面径流污染程度

根据试点区内19处监测点的径流污染监测数据，对监测的5场降雨时屋面、铺装、路面及草地等四种下垫面的污染负荷变化数据取平均值，得到4种下垫面的径流污染程度，如表0-2、图0-21所示。可以看出，径流污染程度从大到小依次为路面、铺装、屋面、草地。

试点区不同下垫面初期径流污染负荷详表 表0-2

下垫面类型 污染物类型	屋面	铺装	路面	草地
COD（mg/L）	230	376	441	191
SS（mg/L）	304	500	568	241
氨氮（mg/L）	10	12	11	5
总氮（mg/L）	12	14	13	8
总磷（mg/L）	0.39	0.43	0.42	0.34

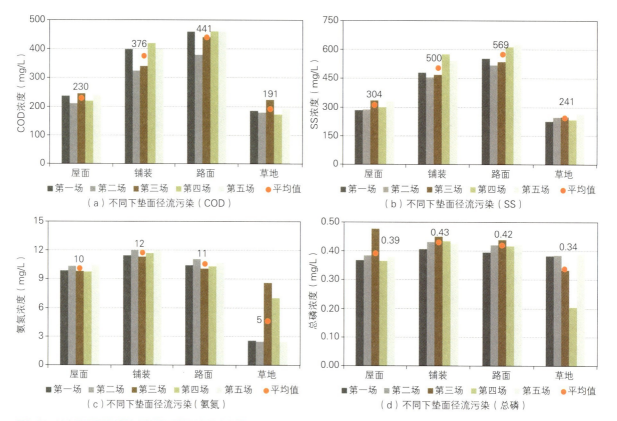

(a) 不同下垫面径流污染（COD）
(b) 不同下垫面径流污染（SS）
(c) 不同下垫面径流污染（氨氮）
(d) 不同下垫面径流污染（总磷）

图0-21 试点区不同下垫面各场降雨初期径流污染负荷图

（4）土壤与人工结构渗透规律

试点区位于淇河东岸，属于河道冲积平原，土壤渗透性良好，土壤渗透系数为 $2.7 \times 10^{-6} \sim 6.3 \times 10^{-6}$ m/s，满足海绵城市建设中渗透设施的基本要求。根据土壤渗透性勘测结果，将试点区可分为三个区域，各区的土壤分层构成以及渗透系数如表所示。根据本书中相关典型案例的位置，可确定其土壤渗透系数，用以海绵设施排空时间的计算（图0-22、图0-23、表0-3）。

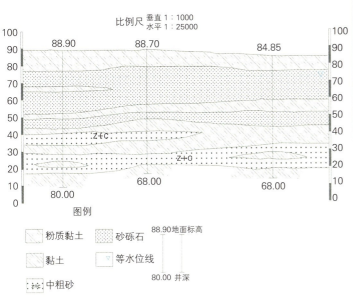

图0-22 试点区水文地质典型剖面图　　　　图0-23 试点区表层土壤渗透性分区图

试点区及典型项目土壤渗透系数详表　　　　　　　　　　　　　　　　　　　　表0-3

分区	案例	土壤类别					
A区	建行北院 教育局大院 应急管理局大院 淇滨大道	①填土	②粉土	③粉质黏土	④粉土	⑤粉质黏土	⑥含钙质结核粉黏土
土壤渗透性系数（×10^{-6}m/s）		4.8~5.0	3.5~3.7	2.7~2.9	3.5~3.7	2.9~3.0	4.9~5.1
B区	淇水大道	①填土	②粉土	③粉质黏土	④粉土	⑤粉质黏土	⑥含钙质结核粉黏土
土壤渗透性系数（×10^{-6}m/s）		5.2~5.4	3.1~3.2	3.2~3.4	3.1~3.2	3.4~3.6	5.6~5.9
C区	桃园公园	①填土	②粉土	③粉质黏土	④粉质黏土		
土壤渗透性系数（×10^{-6}m/s）		6.1~6.3	4.4~4.6	3.7~4.1	4.9~5.1		

　　根据鹤壁市海绵城市建设中采用的海绵设施的人工渗透结构的设计参数，结合相关监测与实验结果，海绵城市建设中主要涉及的人工渗透结构的渗透参数如表0-4所示。

人工渗透结构渗透参数详表　　　　　　　　　　　　　　　　　　　　　　　　表0-4

设施类别	下渗参数			
	名称	厚度（mm）	孔隙率（%）	下渗率（m/h）
加铺透水沥青	—	—	—	3.6
新建透水沥青	—	—	25	3.6
透水砖	—	—	25	3.6

续表

设施类别	下渗参数			
	名称	厚度（mm）	孔隙率（%）	下渗率（m/h）
植草沟	种植土	—	—	—
雨水花园	覆盖层	50	25	5
	种植土	600	5	2
	碎石层	300	25	5
生物滞留一（有盲管）	覆盖层	50	25	5
	种植土	300	5	2
	碎石层	300	25	5
生物滞留一（无盲管）	覆盖层	50	25	5
	种植土	300	5	2
	碎石层	300	25	5
生物滞留池二	覆盖层	50	25	5
生物滞留池三	覆盖层	50	25	5
	种植土	300	5	0.36
下凹绿地一	种植土	300	5	0.36
下凹绿地二	种植土	300	5	0.36
下凹绿地三	种植土	600	5	0.36
下凹绿地四	种植土	300	5	0.36

第 1 章

片区建设：从蓝图到落地

1.1 试点区海绵城市建设

1.1.1 问题需求

鹤壁市海绵城市试点区以现状建成区为主，按照国家相关指导政策，现状建成区的海绵城市建设应坚持问题导向，根据现状问题采取针对性的解决方案和应对措施。因此，摸清现状问题及成因是试点区海绵城市建设实现"从蓝图到落地"的基础。根据现状踏勘、走访调研以及量化分析，试点区内现状主要存在以下三个问题。

（1）水环境问题：过境河流与城市内河水质反差两极端

试点区城市内河的流域面积较小，主要依靠过境河流淇河作为补水水源。淇河的现状水质为Ⅱ类，在河南省省辖市城区主要河流水质中排名第一。试点区北部约7.3km²为雨污合流制，存在较为严重的合流制溢流污染问题，加之零星分散的污水直排问题，导致试点区内城市内河水质恶化较为严重，流入淇河时已经为劣Ⅴ类（图1-1~图1-3）。

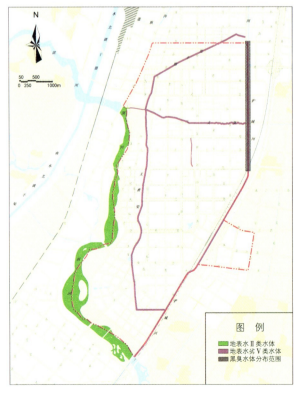

图1-1 城市内河现状（2015年）水质分布图

图1-2 现状排口分布图

图1-3 过境河流（淇河）与城市内河水环境对比照片

通过试点区内现状污染源量化分析计算，可以看出，棉丰渠片区和护城河北部片区以合流制溢流污染为主，护城河中部片区、护城河南部片区、淇河片区、天赍渠片区等以面源污染为主，其中，在护城河中部片区、护城河南部片区、淇河片区中混接污染也占一定的比例（图1-4）。

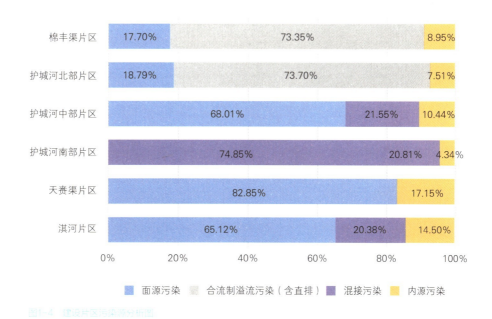

图1-4 建设片区污染源分析图

（2）内涝积水问题：基本集中在下穿通道、涵洞等低洼点

由于历史原因，鹤壁市主要道路在与铁路、高速相交时采用下穿通道的形式，这些局部的低洼点基本成了易涝点，在遭遇大雨或暴雨时时常发生内涝灾害，给城市的正常运转、老百姓的生活带来了不利的影响。根据相关资料，试点区及其周边共有现状易涝点4处，分别位于九江路与淇水大道交叉口、大白线过京广铁路涵洞、黄河路过京广铁路涵洞、盖族沟过兴鹤大街交叉口（图1-5、图1-6、表1-1）。

图1-5 现状易涝点分布及汇水范围图　　　　　图1-6 下穿通道实景照片

试点区及其周边现状易涝点详表　　　　　　　　　　　　　　　　表1-1

编号	易涝点位置	汇水范围	涝渍频率	影响程度	成因
1	九江路与淇水大道交叉口	北至长江路，南至湘江路，约0.15km²	一年一遇	较严重	道路局部低洼点
2	大白线过京广铁路涵洞	北至淇滨大道，西至南水北调工程，约0.2km²	一年一遇	较严重	道路下穿铁路，局部低洼点
3	黄河路过京广铁路涵洞	北至淇滨大道，西至南水北调工程，东至太行路，约0.2km²	半年一遇	严重	道路下穿铁路，局部低洼点
4	盖族沟过兴鹤大街交叉口	自盖族沟与兴鹤大街交叉口往西至火车站区域，约0.4km²	一年一遇	较严重	河道穿越现状道路采用管涵的形式，排水不畅，造成雨水管网系统顶托

利用Infoworks ICM软件搭建模型，对试点区雨水管渠进行排水能力评估。由于试点区在进行雨污分流改造时，将市政道路下合流管道保留作为雨水管道，因此在现状管网排水能力评估时将合流管道作为雨水管道进行评估。模拟结果显示：重现期小于1年一遇的管网占比为5.1%，大于等于1年小于2年的管网占比为3.7%，大于等于2年小于5年的管网占比为12.9%，重现期满足大于5年一遇的管网占比为78.3%。

利用Infoworks ICM软件对试点区遭遇30年一遇3h降雨时的内涝风险进行模拟分析。可以看出，试点区现状内涝高风险区的面积为0.66km²，约占2.2%，内涝中风险区的面积为0.20km²，约占0.7%，内涝低风险区的面积为0.35km²，约占1.2%（图1-7、图1-8）。

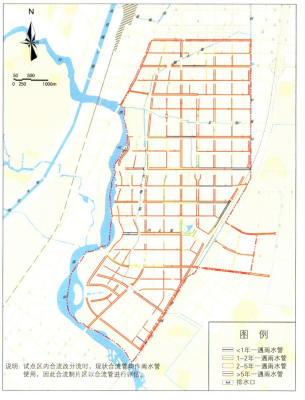

图1-7 现状雨水管室排水能力评估图

图1-8 30年一遇降雨内涝风险图（2015年）

(3) 水系不畅通问题：主要集中在现状断头河与水系卡脖子点

鹤壁市在20世纪90年代末至21世纪初进行城市水系整治时，水系与道路交叉处多采用管涵的建设形式，成为水系的"卡脖子点"，严重影响其排水能力，并由此带来顶托、地面排水不畅等一系列问题。此外，二支渠南延修建至迎宾馆处成为断头河，导致该段缺少流动性、自净能力差（图1-9、图1-10）。

图1-9 水系卡脖子点和断头河分布图

图1-10 水系"卡脖子点"实景照片

1.1.2 建设目标

（1）总体目标

落实海绵城市发展理念，坚持问题导向，因地制宜采用"渗、滞、蓄、净、用、排"等措施完善城市雨水综合管理系统，解决城市建设中出现的水环境问题、内涝积水问题和水系不畅通问题，实现"淇河水质不降低、极端降雨不内涝、水系畅通不拥阻"的建设目标。

"淇河水质不降低"的主要要求为淇河进出城断面保持Ⅱ类，城市内河消除黑臭、实现Ⅳ类水质。

"极端降雨不内涝"的主要要求为在遭遇30年一遇24h降雨262.5mm不发生内涝。

"水系畅通不拥阻"的主要要求为消除试点区内的卡脖子点和断头河。

（2）指标体系

1）"淇河水质不降低"建设指标体系

基于淇河水质不降低的建设目标要求（淇河进出城断面保持Ⅱ类，城市内河消除黑臭、实现Ⅳ类水质），通过量化计算分析，明确建设指标体系（表1-2）。

"淇河水质不降低"建设指标体系表　　　　表1-2

建设目标：淇河水质不降低
（淇河进出城断面保持Ⅱ类，水质标准不降低；城市内河Ⅳ类、消除黑臭）

序号	指标名称	指标说明	现状值	目标值
1	合流制比例	合流制区域占试点区的面积比例	24.5%	0
2	污水直排口数量	生活&工业直排口	5处	0
3	面源污染削减率	雨水径流污染得到有效控制	—	40%
4	年径流总量控制率	年径流总量控制率/设计降雨量	51%	70%
5	生态岸线恢复	水系生态岸线比例	—	≥90%

2)"极端降雨不内涝"建设指标体系

基于"极端降雨不内涝"的建设目标要求（遭遇30年一遇24h降雨262.5mm不发生内涝），通过量化计算分析，明确建设指标体系（表1-3）。

"极端降雨不内涝"建设指标体系表　　　　　　　　　　　　　　　　　　表1-3

建设目标：极端降雨不内涝
（遭遇30年一遇降雨不发生内涝）

序号	指标名称	指标说明	现状值	目标值
1	城市排水	城市雨水管渠系统排水能力	—	≥2年一遇（2h降雨量49.61mm）
2	城市防涝	城市内涝灾害防治重现期	—	30年一遇（24h降雨量262.5mm）设计降雨不内涝
3	城市防洪	达到国家标准要求	50年一遇	50年一遇

3)"水系畅通不拥阻"建设指标体系

基于"水系畅通不拥阻"的建设目标要求（消除试点区内的卡脖子点和断头河），通过量化计算分析，明确建设指标体系（表1-4）。

"水系畅通不拥阻"建设指标体系表　　　　　　　　　　　　　　　　　　表1-4

建设目标：水系畅通不拥阻
（水系畅通、无断头河和卡脖子点）

序号	指标名称	指标说明	现状值	目标值
1	水系"卡脖子"点数量	水系与穿越道路时采用涵洞/涵管的建设形式的数量	5	0
2	断头河数量	城市水系断头、成为死水	1	0

4）其他指标

结合试点区实际情况，参考《鹤壁市海绵城市建设试点实施计划》以及国家海绵城市建设绩效考核要求，试点区海绵城市建设还需要满足其他4项指标（表1-5）。

其他指标详表　　　　　　　　　　　　　　　　　　　　　　　　　　　表1-5

序号	指标名称	指标说明	现状值	目标值
1	天然水域面积保持程度	试点区域内河湖、坑塘、洼地占试点区的比例	3%	≥3%
2	雨水资源化利用率	雨水利用替代自来水的比例	0	≥1.1%
3	污水再生利用率	再生水用于河道补水、景观、工业、市政杂用量占污水的比例	—	30%
4	地下水埋深	年均地下水潜水位	8~20m	不降低

1.1.3 建设方案

（1）技术路线

系统分析试点区人水关系，通过实地踏勘、资料收集、走访调研，识别试点区的主要问题,并通过历史数据调查和数学模型计算,量化分析问题原因;在人水关系历史溯源和现状问题分析的基础上,确定海绵城市建设目标;建成区以问题为导向,未建区以目标为导向确定海绵城市建设的指标体系;结合自然地形、雨水管网、河流水系等划定汇水分区、排水分区;根据分区问题,制定源头减排—过程控制—系统治理的全过程工程体系,通过量化计算确定项目规模,并落实项目用地(图1-11)。

(2)分区划定

海绵城市的管控分区一般包括汇水分区和排水分区,其中汇水分区主要以地形地貌、等高线为依据进行划分。鹤壁海绵城市试点区整体地势平缓,试点区降雨产生的径流会顺势就近排入城市内河,并最终在排入淇河,而城市内河的主要补给水源都为淇河水,整个试点区严格意义上很难划定汇水分区。因此,结合鹤壁市海绵城市试点区实际情况,在与住房和城乡建设部主管部门沟通后,以建设片区替代汇水分区作为管控分区。

1)建设片区

结合竖向变化、行政区划、控规边界等要素,以受纳水体为单位进行建设片区的划分。试点区内大部分区域的受纳水体为棉丰渠、护城河、淇河、天赉渠,高铁以东矩桥片区(南海路以北、闽江东路以南、护城河以东、矩新路以西)的受纳水体为刘洼河。考虑到护城河先后有二支渠、四支渠等支流汇入,将护城河分为了北部、中部、南部三个建设片区。总体上,按照上述原则将海绵城市试点区划分为7个建设片区。

2)排水分区

排水分区的划分主要以社会属性为特征,沿排水口上溯、以管网排水边界为依据。试点区内,现状建成区以排水管网服务范围为基础,新建区以水系汇水范围和竖向高程为基础,共划分为14个排水分区(图1-12、图1-13)。

(3)总体思路

1)改善水环境

试点区水环境改善方面的总体目标是"淇河水质不降低",具体目标是"淇河出口断面保持Ⅱ类水质,城市内河消除黑臭水质、保持Ⅳ类水质"。结合试点区水环境问题的成因,通过水环境容量计算和软件模拟分析,为实现建设目标,需将污水直排污染削减100%、合流制溢流污染削减100%、雨污混接污染削减100%、内源污染削减80%、面源污染削减40%,将城市水系受纳污染负荷控制在445.1t/a。

根据上述要求,确定需实施的主要工程主要包括:完善污水系统、消除现状5处污水直排口,通过合流改分流消除合流制溢流污染,对现状7处雨污混接处进行改造,水系清淤疏浚,源头改造控制面源污染等(图1-14)。

2)保障水安全

试点区水安全保障方面的总体目标是"极端降雨不内涝、水系畅通不拥阻"。"极端降雨不内涝"的具体目标是"雨水管渠设计重现期不低于2年一遇、内

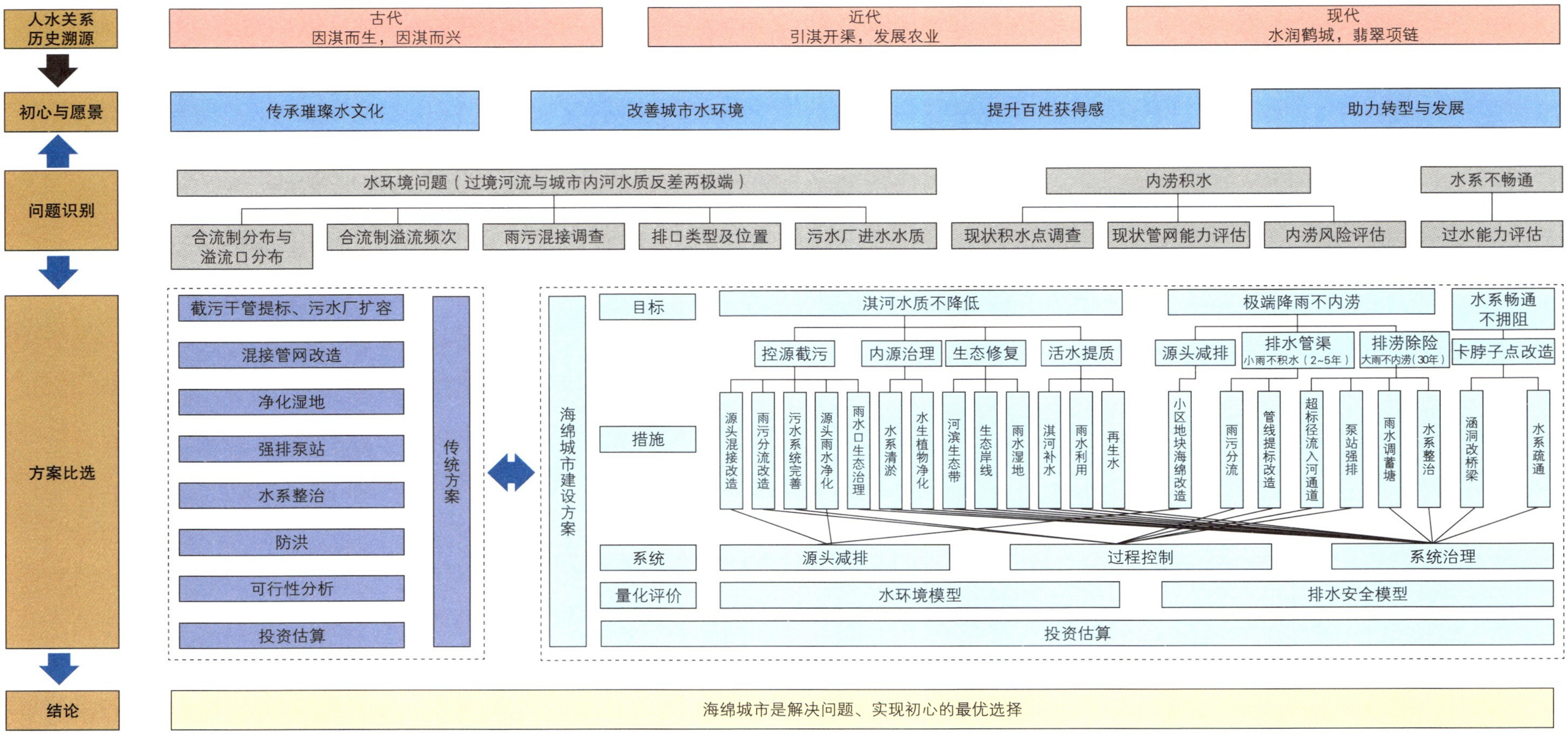

图1-11 鹤壁海绵城市建设技术路线图

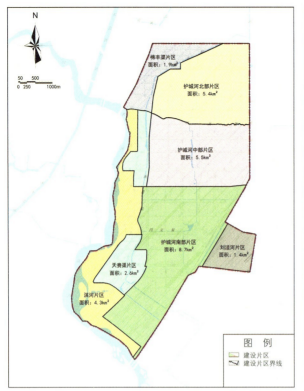

图1-12 建设片区划分图

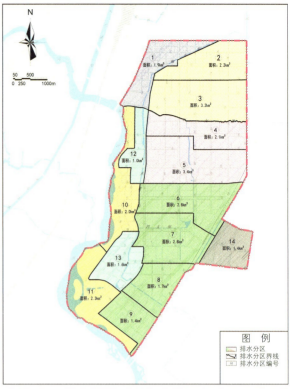

图1-13 排水分区划分图

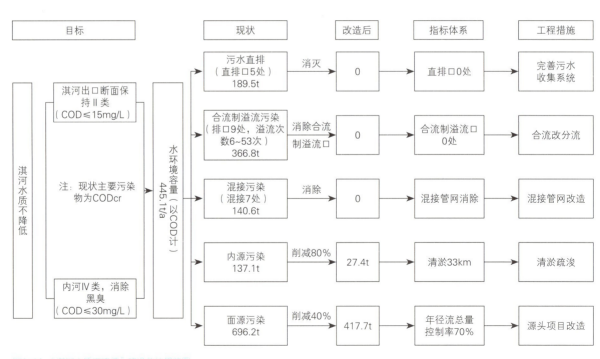

图1-14 "淇河水质不降低"建设总体思路图

涝防治标准不低于30年一遇"。根据软件模拟评估结果，源头减排项目建设可将雨水管渠不达标比例由8.8%降低至7.3%，采用优化排水分区的形式，可将雨水管渠不达标比例进一步降低至5.2%，剩余的不达标管渠通过提标改造实现达标。内涝防治方面，现状内涝风险区的面积为1.2km²，所需调蓄容积为4.59万m³，通过源头改造，所需调蓄容积可降低至3.9万m³，结合易涝点实际情况，采取设置调蓄池、调蓄塘、提升泵站等措施解决内涝问题（图1-15）。

"水系畅通不拥阻"的具体目标是"消除卡脖子点、消除断头河"，对应的工程措施包括现状5处卡脖子点的改造、现状1处断头河的疏通改造等（图1-16）。

（4）工程体系

按照上述总体思路和技术路线，结合各建设片区（汇水分区）存在的问题，自2015年以来，共实施273项工程建设项目和3项配套能力建设项目。各片区的建设项目如表1-6、图1-17所示。

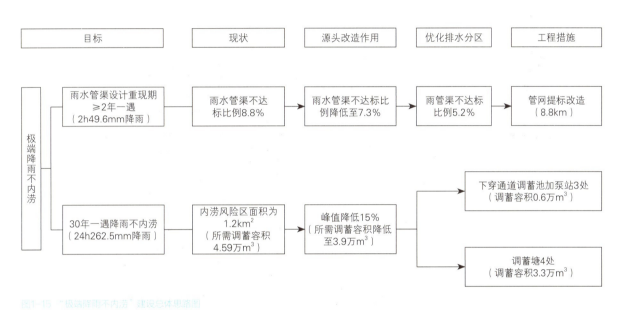

图1-15 "极端降雨不内涝"建设总体思路图

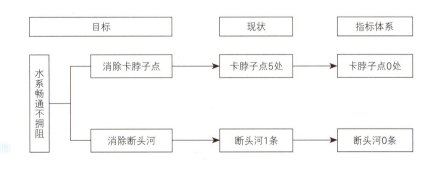

图1-16 "水系畅通不拥阻"建设总体思路图

各建设片区实施项目统计表（单位：个）　　　　　　　　　　　　　　　　　　　　　　　　　　表1-6

分区名称	排水分区数量	建筑小区类项目	绿地广场类	城市道路类	雨污分流类	防洪与水源涵养类	河道治理类	项目数量
棉丰渠片区	1	14	0	4	0	0	1	19
护城河北部片区	2	67	18	23	2	1	2	113
护城河中部片区	2	48	12	6	0	0	2	68
护城河南部片区	4	8	6	14	0	0	1	29
淇河片区	2	19	6	3	0	0	0	28
天赉渠片区	2	4	1	2	0	0	1	8
刘洼河片区	1	5	0	1	0	0	0	6
试点区外	—	0	0	0	0	1	1	2
合计	14	165	43	53	2	2	8	273

注：1. 部分雨污分流改造项目结合道路海绵城市建设同步实施，表内未单独体现。
　　2. 鹤壁市海绵城市监测平台项目包含在河道治理类项目中，表内未单独体现。

图1-17　实施项目分布图

1）棉丰渠片区

①源头减排项目

棉丰渠片区的源头减排项目共有3大类29项，其中，建筑小区类海绵城市建设项目15项，总面积为39.04hm^2；绿地广场类海绵城市建设项目2项，总面积为0.88hm^2；城市道路类海绵城市建设项目12项，总面积为33.56hm^2。

②过程控制项目

棉丰渠片区的过程控制项目主要包括3类，分别为合流改分流管网、雨水管渠新建以及雨水口末端净化措施。其中，合流改分流的管网长度为4.9km，新建雨水管网的长度为2.27km，雨水口末端净化设施共11处。

③系统治理项目

棉丰渠片区的系统治理项目主要为河道整治、末端调蓄绿地。其中，河道整治为棉丰渠整治（包括水体清淤、岸线修复等），长度为3.14km；末端调蓄绿地1项，占地面积为3.38hm^2。

2）淇河片区

①源头减排项目

淇河片区的源头减排项目共有3大类33项，其中，建筑小区类海绵城市建设项目19项，总面积为69.68hm^2；绿地广场类海绵城市建设项目3项，总面积为1.88hm^2；城市道路类海绵城市建设项目11项，总面积为46.07hm^2。

②过程控制项目

淇河片区的过程控制项目主要包括4类，分别为雨水管渠改造、雨水管渠新建、雨水口末端净化措施以及调蓄塘。其中，改造雨水管渠的长度为0.9km，新建雨水管渠的长度为0.5km，雨水口末端净化设施共5处，调蓄塘1处，容积为2000m^3。

③系统治理项目

淇河片区的系统治理项目主要为末端调蓄绿地、雨水净化湿地。其中，末端调蓄绿地包含淇水乐园、淇水诗苑等2个项目，总面积为167hm^2；雨水净化湿地1处，为淇河下游湿地，占地面积28.8hm^2（图1-18~图1-29）。

3）护城河北部片区

①源头减排项目

护城河北部片区的源头减排项目共有3大类85项，其中，建筑小区类海绵城市建设项目63项，总面积为248.99hm^2；绿地广场类海绵城市建设项目4项，总面积为11.22hm^2；城市道路类海绵城市建设项目18项，总面积为106.37hm^2。

②过程控制项目

护城河北部片区的过程控制项目主要包括3类，分别为合流改分流雨水管渠、新建雨水管渠以及雨水口末端净化措施。其中，合流改分流雨水管渠的长度为32.95km，新建雨水管网的长度为1.8km，雨水口末端净化设施15处。

③系统治理项目

护城河北部片区的系统治理项目主要包括河道整治、末端调蓄绿地、涵洞改桥

图1-18 源头减排项目(棉丰渠片区)

图1-19 过程控制项目(棉丰渠片区)

图1-20 系统治理项目(棉丰渠片区)

图1-21 源头减排项目(淇河片区)

图1-22 过程控制项目(淇河片区)

图1-23 系统治理项目(淇河片区)

图1-24 源头减排项目(护城河北部片区)

图1-25 过程控制项目(护城河北部片区)

图1-26 系统治理项目（护城河北部片区）　　图1-27 源头减排项目（护城河中部片区）

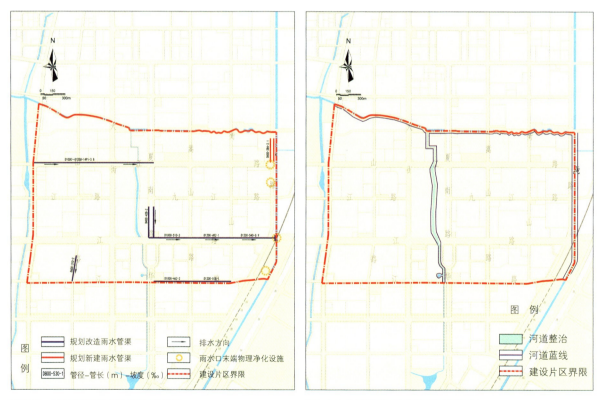

图1-28 过程控制项目（护城河中部片区）　　图1-29 系统治理项目（护城河中部片区）

梁3大类。其中，河道整治为护城河整治（含水体清淤、岸线修复等），该段水体为黑臭水体，整治长度为2.33km；末端调蓄绿地项目2项，分别为佳和健身园和怡乐园，总面积为2.12hm²，涵洞改桥梁2处，分别为黎阳路跨护城河桥和淇河路跨护城河桥。

4）护城河中部片区

①源头减排项目

护城河中部片区的源头减排项目共有3大类66项，其中，建筑小区类海绵城市城市建设项目45项，总面积为230.31hm²；绿地广场类海绵城市建设项目7项，总面积为32.93hm²；城市道路类海绵城市建设项目14项，总面积为129hm²。

②过程控制项目

护城河中部片区的过程控制项目主要包括3类，分别为雨水管渠改造、雨水管渠新建以及雨水口末端净化措施。其中，改造雨水管渠的长度为3.9km，新建雨水管渠的长度为0.6km，雨水口末端净化设施4处。

③系统治理项目

护城河中部片区的系统治理项目为河道整治，包含护城河整治（含水体清淤、岸线修复等）、二支渠整治（含水体清淤、岸线修复等）和二支渠南延断头河改造，总长度6.9km。

5）护城河南部片区

①源头减排项目

护城河南部片区的源头减排项目共有3大类41项，其中，建筑小区类海绵城市建设项目17项，总面积为158.93hm²；绿地广场类海绵城市建设项目7项，总面积为29.48hm²；城市道路类海绵城市建设项目17项，总面积为161.05hm²。

②过程控制项目

护城河南部片区的过程控制项目主要包括4类，分别为雨水管渠改造、雨水管渠新建、雨水口末端净化措施以及调蓄塘。其中，改造雨水管渠的长度为1.3km，新建雨水管渠的长度为9.5km，雨水口末端净化设施21处，调蓄塘2处，分别为闽江路调蓄塘和南海路调蓄塘，容积合计14500m³。

③系统治理项目

护城河南部片区的系统治理项目包含河道整治、涵洞改桥梁和末端调蓄绿地3大类。其中，河道整治项目为护城河南段整治（含水体清淤、岸线修复等）、二支渠南延等，总长度10.2km；涵洞改桥梁3处，分别位于赵庄桥贺兰山路与护城河交叉口、姬庄桥天山路与护城河交叉口、申寨桥淇水大道与护城河交叉口；末端调蓄绿地项目1处，为桃园公园，占地面积10.31hm²（图1-30~图1-35）。

6）天赉渠片区

①源头减排项目

天赉渠片区的源头减排项目共有2大类9项，其中，建筑小区类海绵城市建设项目3项，总面积11.82hm²；城市道路类海绵城市建设项目6项，总面积17.15hm²。

图1-30 源头减排项目(护城河南部片区)

图1-31 过程控制项目(护城河南部片区)

图1-32 系统治理项目(护城河南部片区)

图1-33 源头减排项目(天鹅湖片区)

②过程控制项目

天赉渠片区的过程控制项目主要包括4类，包括雨水管渠改造、雨水管渠新建、雨水口末端净化措施以及调蓄塘。其中，改造雨水管渠的长度为0.4km，新建雨水管渠的长度为2.9km，雨水口末端净化设施7处，调蓄塘1处，为南海路调蓄塘，容积为16000m³。

③系统治理项目

天赉渠片区的系统治理项目包含河道整治、末端调蓄绿地2大类。其中，河道整治项目为天赉渠整治（含水体清淤、岸线修复等），总长度3.5km。末端调蓄绿地项目为大赉店遗址公园，占地面积为18.3hm²。

7）刘洼河片区

①源头减排项目（图1-36）

刘洼河片区基本为未开发区域，共有3个源头减排项目。其中，建筑小区类海绵城市建设项目2项，总面积34.48hm²；城市道路类海绵城市建设项目1项，总面积7.1hm²。

②过程控制项目（图1-37）

刘洼河片区的过程控制项目主要包括2类，分别为雨水管渠新建、污水处理厂扩容。其中，新建雨水管渠的长度为4.4km。淇滨污水厂由现状处理规模5万t/d扩建至6.5万t/d，出水水质执行《城镇污水处理厂污染物排放标准》GB 18918—2002中一级A标准。

③系统治理项目（图1-38）

刘洼河片区的系统治理项目为刘洼河整治（含水体清淤、岸线修复等），总长度2.3km。

（5）特色技术

在试点推进过程中，市海绵办和海绵公司的工作人员结合项目管理工作成为创新主体，通过现场打样、模拟实验、多方案对比，研发了很多小创新、小发明，实现了用"小""巧""省"的办法解决大问题。

图1-36　源头减排项目（刘法河片区）

图1-37　过程控制项目（刘法河片区）

图1-38　系统治理项目（刘法河片区）

1）雨水花园自循环渗蓄结构（图1-39）

在北方城市的海绵城市建设过程中，经常会遇到雨水花园中植物长势不佳、甚至长势颓败枯黄的问题。究其原因，主要是因为雨水花园中的透水层为碎石，在地下形成了一层断水层，只能满足雨水快速下渗，无法满足地下水及养分自然上升补给植物生长的需要。

通过采用量产于本地的上水石碎料（孔隙率高、表面积大、毛细性强，因而保水、保肥能力、运输能力强）替代雨水花园中的部分碎石，相当于在雨水花园底部设置了一个小水库、小肥料库，营造了底部结构层面的"水文循环"，下小雨时可以积蓄水分，干旱时积蓄的水分通过毛细作用向上补水，维持植物的生长。改良后的雨水花园植物长势得到明显改善。

2）防臭防倒流雨水口装置（图1-40）

当雨污水管线混接、错接时，雨水口会出现雨天反冒污水、晴天冒臭味等问题，影响城市的整体环境。鉴于此研制的防臭、防倒流雨水口，在满足基本过水要求的前提下，有效地解决了雨天反冒污水、晴天冒臭味等问题。

3）道路径流污染控制技术（图1-41）

在点源污染逐步得到控制后，城市降雨径流污染成为水环境的重大隐患，其

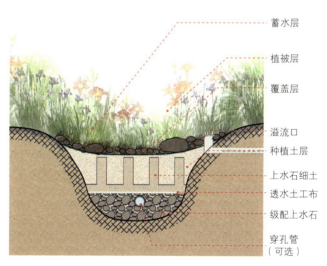

图1-39 雨水花园自循环渗蓄结构示意图

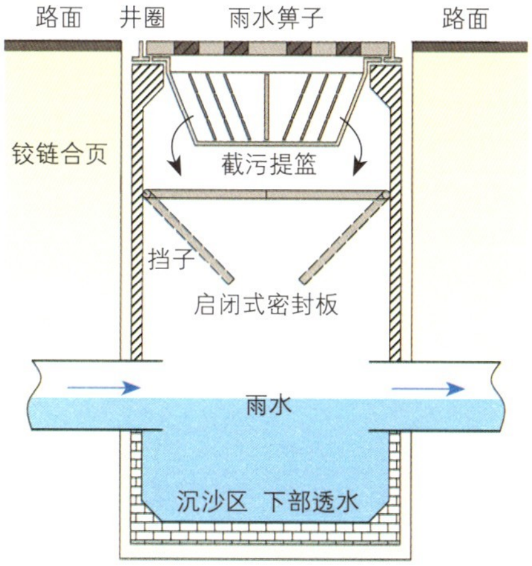

图1-40 防臭防倒流雨水口装置示意图 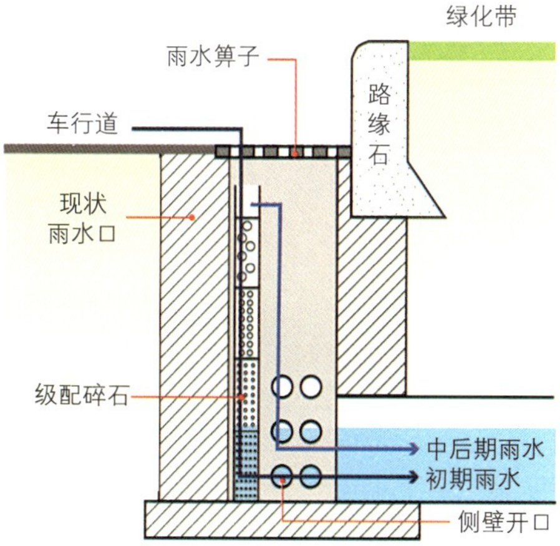　　图1-41 道路径流污染控制技术示意图

中，市政道路的径流污染程度是所有下垫面中最严重的。建设年代较新的道路，景观效果较好，难以通过绿化带下沉改造实现径流污染控制。

在现状景观效果较好的道路上，结合雨水口空间采用道路雨水口初期雨水多级净化装置、初期雨水截污净化装置、初期雨水截污挂篮多级净化装置等措施，实现初期雨水的径流污染控制的同时，将海绵城市建设对现状道路的干扰降到最低。

4)"0投资"屋面雨水控制技术（图1-42）

降雨时建筑屋面径流量占整个城市径流量的比重很大，因此，建筑屋面雨水的控制效果会直接影响到整个城市的雨水控制效果。

常规的绿色屋顶等建设成本、养护成本以及对建筑屋面的承载要求较高。鹤壁市研制的限流式削峰雨水斗基本为"0投资"，可实现缓流、削峰和降低市政管网压力等作用，同时兼具节能效果、降低夏季空调耗电量。

5)超标径流入河通道技术（图1-43）

城市遭遇极端降雨时，超过雨水管渠排放能力的雨水径流会通过路面排放，传统的建设方式会导致雨水积存在道路低点（一般会于道路与河道交叉口处），而难以顺利排入河道。通过在人行道底部开槽、协调道路与河道两侧绿地高程关系等措施，打通路面超标径流入河路径，引导路面超标径流通过入河通道顺利排入水体，可有效缓解易涝点的积水问题。

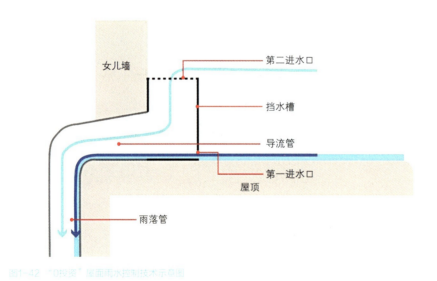

图1-42 "0投资"屋面雨水控制技术示意图

图1-43 超标径流入河通道技术示意图

6)"低扰动"雨水收集组合装置(图1-44)

建筑小区类项目是海绵城市改造的重点和难点,部分建设年代较新的建筑小区内绿地以微地形的方式进行景观打造,且绿地明显高于路面。对于这样的小区,采用绿地下沉的方式不易与现有景观协调,甚至容易造成原有景观的破坏。通过"低扰动"雨水收集组合装置,实现建筑、绿地、道路雨水的收集和控制,且不会对原有绿地微地形造成任何破坏和影响,组合设施中的石笼还可以增加小区景观的多样性。该组合设施可广泛适用于绿地明显高于道路的建筑小区的海绵化改造。

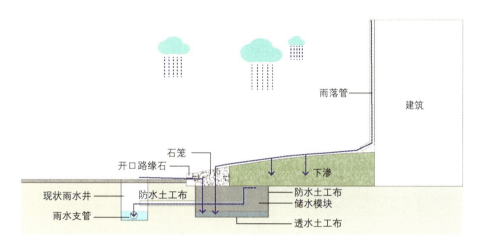

图1-44 "低扰动"雨水收集组合装置示意图

1.1.4 建设成效

(1)径流总量控制实现预期

1)模型评估结果

采用Infoworks ICM模型软件构建试点区排水系统水文水动力模型,并利用2场典型降雨的实测数据对模型参数进行率定,利用另外2场降雨的实测监测数据验证模型精度,率定后模型精度满足纳什效率系数大于0.5的要求。

利用率定验证后的模型模拟试点区遭遇典型年2011年降雨(间隔5min数据)时的产汇流情况。模拟结果显示,整个试点区的年径流总量控制率为70.6%,实现了既定目标要求。其中,护城河北部片区、护城河南部片区、护城河中部片区、刘洼河片区、棉丰渠片区、淇河片区、天赉渠片区的年径流总量控制率分别为69.7%、69.0%、73.0%、61.0%、68.4%、80.1%、64.1%(表1-7、图1-45)。

年径流总量控制率软件模拟评估结果表　　　　　　　　　　　　　　　　　　　　　　表1-7

建设片区名称	年径流总量控制率	建设片区名称	年径流总量控制率
护城河北部片区	69.7%	棉丰渠片区	68.4%
护城河南部片区	69.0%	淇河片区	80.1%
护城河中部片区	73.0%	天赉渠片区	64.1%
刘洼河片区	61.0%	总体	70.6%

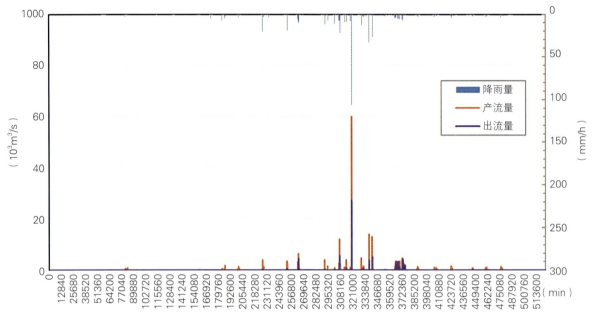

图1-45　2011年典型年降雨条件下产流、出流过程线

2）监测数据评价

根据鹤壁市海绵城市监测平台，各分区的监测点位于雨水管网入河口处，其中，棉丰渠片区有7个监测点，护城河北部片区有6个监测点，护城河中部片区有4个监测点，护城河南部片区有2个监测点（未全覆盖），淇河片区、天赉渠片区、刘洼河片区暂时没有设置分区监测点。

将各分区监测点连续一年的监测数据（2018年7月～2019年6月）进行统计分析，可得到相应片区的年径流总量控制率和年SS削减率，结果显示试点区的年径流总量控制率为81.2%，达到目标要求（年径流总量控制率不低于70%）。以护城河北部片区的3号排水分区为例，该分区共有F-04、F-06、F-07三个监测点。经统计，该分区的年径流总量控制率为94.5%，达到目标要求（年径流总量控制率不低于71%）。典型分区监测点的降雨量与出流量变化如图1-46~图1-49所示。

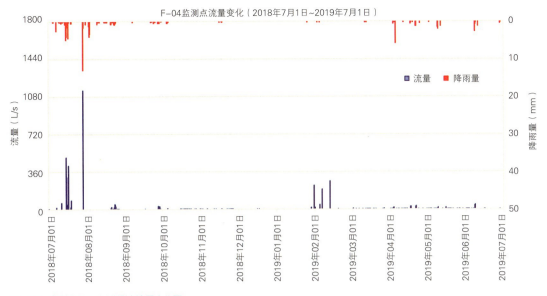

图1-46 典型分区F-04监测点流量变化图

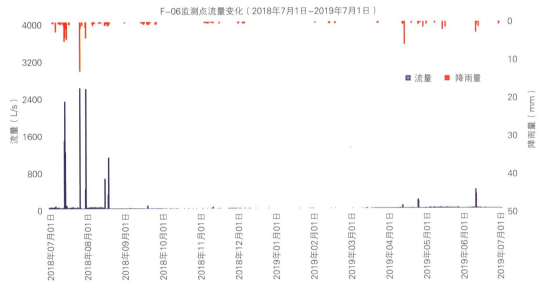

图1-47 典型分区F-06监测点流量变化图

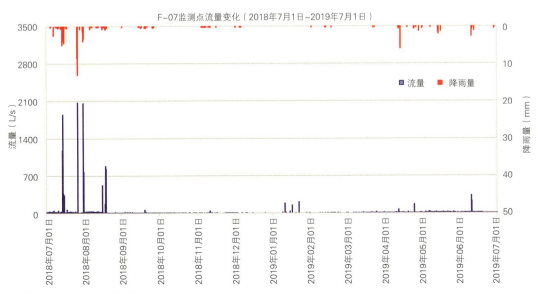

图1-48 典型分区F-07监测点流量变化图

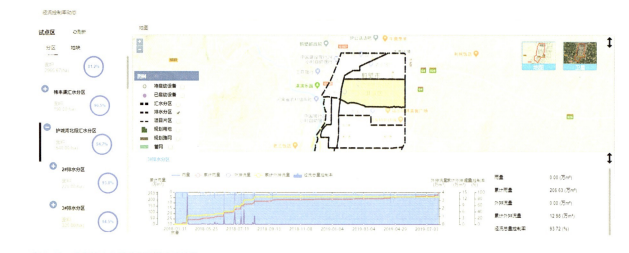

(2) 面源污染得到有效控制

1) 模型评估结果

采用Infoworks ICM模型软件，以SS为对象来评估鹤壁市海绵城市试点区雨水径流污染削减效果。模拟结果显示，当遭遇典型年2011年降雨（间隔5min数据）时，整个试点区的SS削减率为41.3%。其中，护城河北部片区、护城河南部片区、护城河中部片区、刘洼河片区、棉丰渠片区、淇河片区、天赉渠片区的年雨水径流SS削减率分别为41.9%、41.7%、46.3%、17.2%、42.8%、42.5%、38.5%，实现既定目标要求（径流污染削减率不低于40%）(图1-50)。

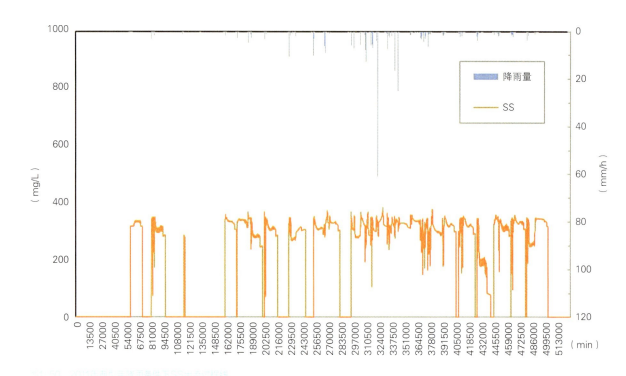

2）监测数据评价

根据监测数据进行统计分析，设有完整监测装置的棉丰渠片区、护城河北部片区、护城河中部片区的年SS削减率分别为45.7%、43.9%、47.8%，全部实现目标要求。以护城河北部片区3号排水分区作为例，根据平台2018年7月1日~2019年7月1日的监测数据，该典型分区排出的TSS总量约0.85t，年SS削减率为43.9%，实现既定目标要求，3个监测点的年降雨量与SS浓度变化如图1-51~图1-53所示。

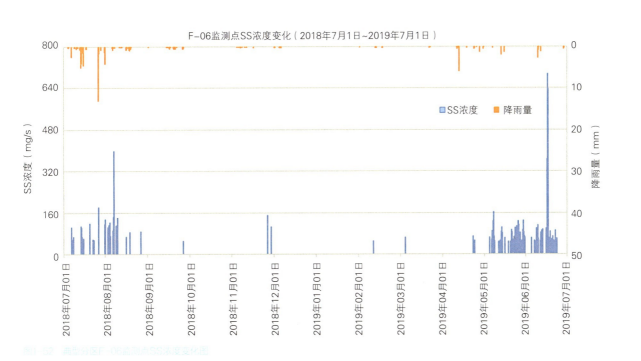

图1-53 典型分区F-07监测点SS浓度变化图

(3) 城市黑臭水体彻底消除

1) 城市内河

①总体效果

试点建设前,试点区内的内河水质基本为劣V类,其中护城河为上报黑臭水体。按照"控源截污、内源治理、生态修复、活水提质"的思路进行城市内河水环境的治理,变"头痛医头"为"系统治水",整治26km现状河道,修复和新建水体12km,整治后的城市水系呈现"水清岸绿"的美好景象(图1-54、图1-55)。

②自动监测数据评价

根据鹤壁市海绵城市监测平台,试点区内共设置河道水量水质一体化监测点10处,位于棉丰渠、二支渠、天赍渠、护城河等主要水系的起点和终点,主要监测COD、SS、pH值、氨氮、氧化还原电位、总氮、总磷等指标(图1-56)。

对各监测点全年的监测数据进行统计分析,可以看出,城市内河在降雨过后水质有轻微波动,但水质仍然保持在Ⅳ类及以上,实现了既定目标要求(图1-57~图1-59)。

③人工监测数据评价

根据中南金尚环境工程有限公司提供的水质监测数据和《鹤壁市护城河(黎阳路—湘江路)黑臭水体治理情况评估报告》,目前护城河黑臭水体已经全面消除,城市水质良好,海绵城市建设后,城市内河全面实现了Ⅳ类及以上的水质标准(图1-60~图1-63)。

2) 淇河

得益于城市内河水质的提升和淇河沿线面源污染的控制,淇河的水质得到了进一步的保障和提升。试点区内的监测断面为花窝坝监测断面,根据其2015~2018

图1-54 城市水系改造前实景照片

图1-55 城市水系改造后实景照片

年的水质监测数据，海绵城市试点建设前后淇河水质均保持在Ⅱ类及以上，试点建设后淇河各项水质指标均不低于甚至优于海绵城市建设前。其中，溶解氧年平均值从2015年的9.02mg/L提升到9.14mg/L，COD年平均值从2015年的5.58mg/L降低到3.42mg/L，氨氮年平均值与2015年的0.03mg/L基本保持稳定，总磷年平均值从2015年的0.03mg/L降低到0.02mg/L（图1-64~图1-67）。

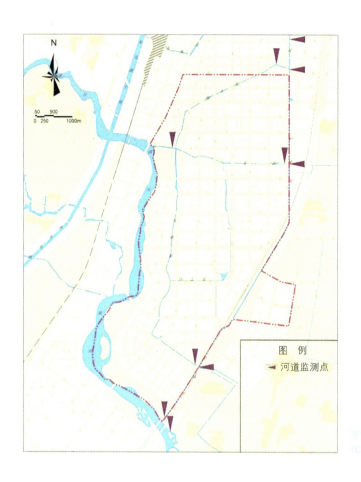

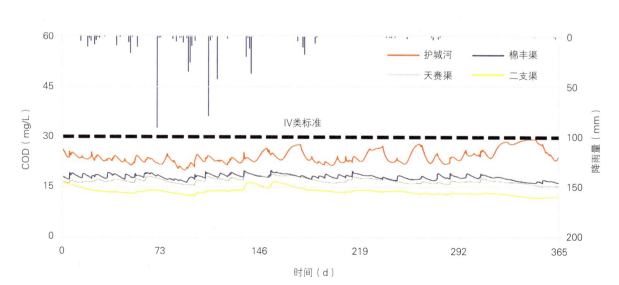

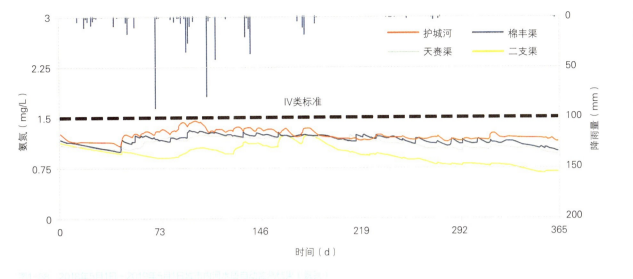

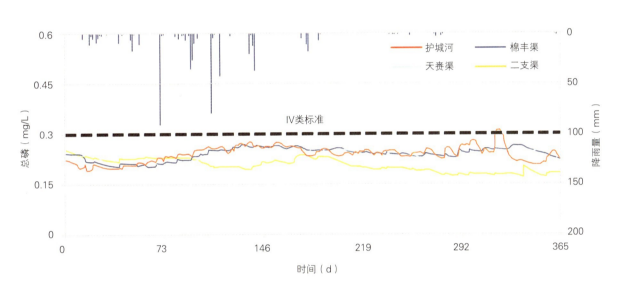

图1-61 城市内河水质人工监测结果（溶解氧）

图1-62 城市内河水质人工监测结果（氨氮）

图1-63 城市内河水质人工监测结果（总磷）

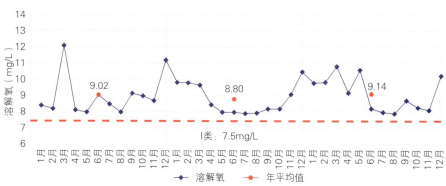

图1-64 清河水质监测结果（溶解氧）

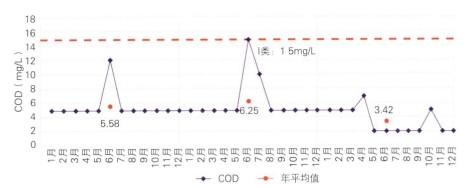

图1-65 JI河水质监测结果（COD）

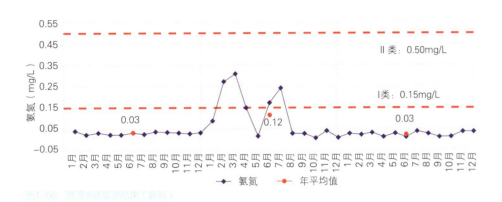

图1-66 JI河水质监测结果（氨氮）

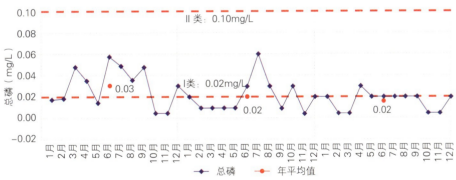

图1-67 JI河水质监测结果（总磷）

(4) 排水防涝能力大幅提升

在排水防涝体系构建时，按照蓄、排结合的理念，结合公园绿地设置调蓄塘，在道路与城市水系交叉口设置超标径流入河通道，结合水系改造在合适区域设置调蓄空间，从源头减排—排水管渠—排涝除险三个层次，全面提升了城市排涝能力。针对易涝点成因，针对性采取整治措施，对试点区内和周边的3处易涝点全部完成改造，效果良好（表1-8、图1-68）。

试点区及周边区域易涝点治理详表　　　　　　　　　　　　　　　　　　　　　　　　　　　　　　　　　　　表1-8

序号	位置	汇水范围	成因分析	整治方案	完成改造时间	应急预案	责任人
1	九江路与淇水大道交叉口	北至长江路，南至湘江路，约0.15km	道路局部低洼点	竖向调整；完善超标径流排放系统	2015年11月	设置移动强排泵站	杨保存
2	大白线过京广铁路涵洞	北至淇滨大道，西至南水北调工程，约0.2km	道路下穿铁路，局部低洼点	优化汇水分区；从最低点建设排涝管涵至淇河	2015年10月	关闭交通	李明
3	黄河路过京广铁路涵洞	北至淇滨大道，西至南水北调工程，东至太行路，约0.2km	道路下穿铁路，局部低洼点	优化汇水分区；从最低点建设排涝管涵至淇河	2016年8月	关闭交通	李明
4	盖族沟过兴鹤大街交叉口	自盖族沟与兴鹤大街交叉口往西至火车站区域，约0.4km	河道穿越现状道路采用管涵的形式，排水不畅，造成雨水管网系统顶托	优化汇水分区；源头海绵化改造；完善超标径流排放系统	2016年5月	设置移动强排泵站	郭运城

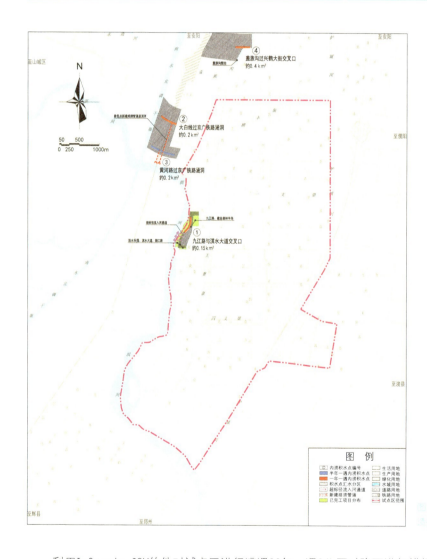

利用Infoworks ICM软件对试点区进行遭遇30年一遇24h历时降雨进行模拟分析。可以看出，海绵城市建设后，试点区在遭遇30年一遇降雨时排涝能力明显得到提升，内涝高风险区由0.66km²减少为0.01km²，内涝中风险区由0.20km²减少为0.13km²，内涝低风险区由0.35km²减少为0.15km²，且积水区域主要位于水系、公园绿地及未开发地块内，这些片区的积水对城市居民的生活和安全基本没有影响。因此可以判定，海绵城市建设后，试点区整体上实现30年一遇内涝防治标准（图1-69、表1-9）。

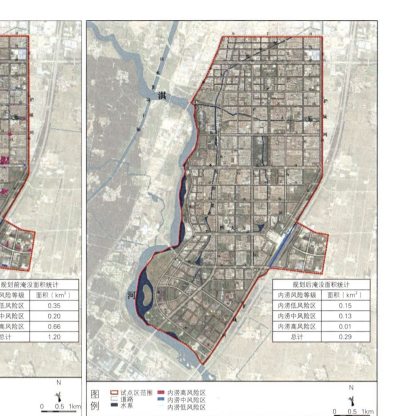

建设前　　　　　　　　　　　　　　　　建设后

图1-69　试点区内涝风险区分布图

试点区规划后内涝风险统计表　　　　　　　　　　　　　　　　表1-9

序号	内涝风险	积水深度（cm）	面积（km²）		削减比例
			建设前	建设后	
1	内涝低风险区	30~40	0.35	0.15	57.14%
2	内涝中风险区	40~50	0.20	0.13	35.00%
3	内涝高风险区	>50	0.66	0.01	98.48%
4	合计		1.21	0.29	**76.03%**

在2016年7月8日到9日遭遇252.72mm、2016年7月19日到20日遭遇311.3mm（超过30年一遇）两场极端降雨时，试点区成功经受住了暴雨考验，未出现严重内涝现象，局部积水点基本在0.5h以内消退。据了解，当时在安阳、新乡、郑州等地均出现了内涝灾害，"平安鹤壁"成为美谈（图1-70~图1-73）。

图1-70　试点建设前易涝点照片

图1-71　试点建设后暴雨时易涝点照片

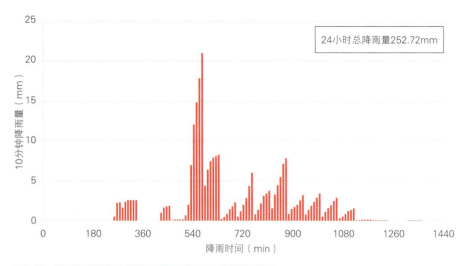

图1-72 2016年7月8日14:30至2016年7月9日14:30降雨过程线

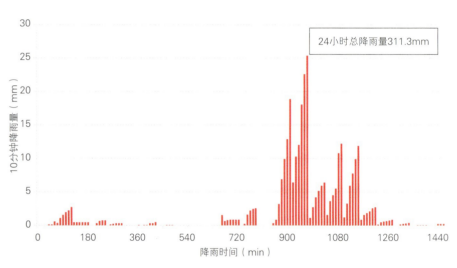

图1-73 2016年7月19日4:00至2016年7月20日4:00降雨过程图

(5) 老百姓获得感大幅提升

在老旧小区海绵城市改造过程中，结合民生需求，实施了生态停车位改造、绿化提升等配套工程，显著提升了居住品质和环境。在建行北院等老旧小区中，海绵改造后，老百姓非常满意，并主动申请组建了小区党支部，负责整个小区的环境以及海绵设施维护管理等，取得了良好的社会效益（图1-74~图1-78）。

图1-74 三和住苑小区改造前实景照片

图1-75 三和佳苑小区改造后实景照片

图1-76 财政局大院改造前实景照片(一)

图1-77 财政局大院改造后实景照片(二)

(a)　　　　　　　　　　　　　　(b)

图1-78 嵩山小学雨水花园实景照片

1.1.5 效益分析

(1) 社会效益

据统计,鹤壁市海绵城市试点建设以来,共孵化海绵城市相关企业10家,海绵城市建设为全市带来新增就业岗位约1.3万个,创造财政税收约2.8亿元。通过海绵城市试点建设,大幅改善了城市人居环境,提升了城市综合竞争力,促进了经济转型发展,第三产业比重从2014年的17.9%提升至2019年的30.1%。

(2) 环境效益

根据模拟计算及监测数据分析,鹤壁市通过海绵城市建设,削减面源污染278.48t/a(以COD计),削减点源污染(直排+混接+合流制溢流污染)696.9t/a(以COD计),削减城市水系内源污染109.68t/a(以COD计)。

海绵城市试点建设后，城市内河的水质由劣Ⅴ类提高到Ⅳ类，消除了现有黑臭水体；淇河水质得到了有效的保障，进城和出城断面均保持在Ⅱ类。

（3）经济效益

1）海绵城市建设方案（灰绿结合）

通过3年的海绵城市试点建设，采用绿色+灰色的海绵城市建设方式，有效地解决了试点区内存在水环境问题和内涝问题。工程建设总投资32.38亿元（表1-10）。

海绵城市建设方案（灰绿结合）投资表　　　　　　　　　　　　　表1-10

分区名称	建筑小区类项目	绿地广场类	城市道路类	雨污分流&混接改造类	防洪与水源涵养类	河道治理类	项目数量	工程投资（亿元）
棉丰渠片区	14	0	4	0	0	1	19	2.20
护城河北部片区	67	18	23	2	1	2	113	8.54
护城河中部片区	48	12	6	0	0	2	68	3.23
护城河南部片区	8	6	14	0	0	1	29	5.60
淇河片区	19	6	3	0	1	0	29	6.94
天赉渠片区	4	1	2	0	0	1	8	1.97
刘洼河片区	5	0	1	0	0	1	7	3.90
合计	165	43	53	2	2	8	273	32.38

注：1. 部分雨污分流改造项目结合道路海绵城市建设同步实施，表内未单独体现。
　　2. 鹤壁市海绵城市监测平台项目包含在河道治理类项目中，表内未单独体现。

2）传统建设方案（灰色）

如果采用传统建设方案，要解决试点区内的水环境问题和内涝问题，需要实施截污干管提标、污水厂扩容、水系整治、净化湿地、强排泵站、混接管网改造、雨水管渠新建、改造、涵洞改桥梁、淇河防洪等工程，总投资预计为40.9亿元。由于涉及征地拆迁，实施周期存在不确定性（表1-11）。

传统建设方案（灰色）投资估算表　　　　　　　　　　　　　表1-11

序号	类别	规模	投资（亿元）	可实施性
1	截污干管提标	D1200~D2000，长度12.6km	2.0	难，管位空间较难
2	污水厂扩容	5万t/d	2.5	易
3	水系整治	33km	12	中
4	净化湿地	7座，总占地面积100hm²	3	难，需征地拆迁
5	强排泵站	10处	0.5	易
6	混接管网改造	—	1.1	难
7	雨水管渠新建、改造	21km	2.1	易
8	征地拆迁费用	—	13	实施周期较长
9	涵洞改桥梁	5处	1	中
10	淇河沿线初期雨水截流净化系统	截流管线6km，处理设施规模3万t/d	3.7	中
11	合计	—	40.9	涉及征地拆迁等，实施周期较长

通过上述对比可以看出，相对于传统灰色建设方式，试点区通过海绵城市建设节约了8.52亿元，节约投资比例约为20%。

第2章

建筑小区：与人居环境提升深度融合

2.1 应急管理局大院海绵城市改造

2.1.1 项目概况

鹤壁市应急管理局大院位于海绵城市试点区的护城河北部片区，西临市公安局，东至云梦巷，总占地面积约为0.27hm²，始建于1997年，为老旧小区改造类项目。

应急管理局大院内主要包括两栋办公楼和一间门岗房，绿地较少。整体上建筑密度约为40%，绿化率约为10%，通过加权平均计算，项目现状综合雨量径流系数为0.77，如表2-1、图2-1、图2-2所示。

项目现状下垫面分析表　　　　　　　　　　　　　　　　　　　　　　　　　　　表2-1

下垫面类型	面积（m²）	比例	雨量径流系数
绿地	290.46	10.93%	0.15
建筑	1108.38	41.69%	0.85
不透水路面	1259.68	47.38%	0.85
合计	2658.52	100%	0.77

图2-1　项目区位图

图2-2　项目用地现状与下垫面分析图

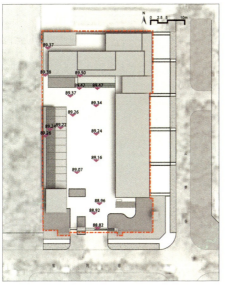

图2-3 项目现状竖向分析图

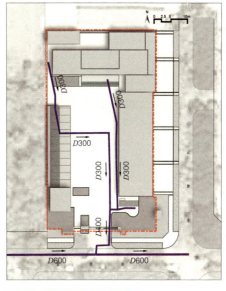

图2-4 项目现状排水管网分布图

应急管理局大院内整体地势较为平坦，其中，南北向有一定的坡度，整体上北高南低，坡度约3‰。项目现状排水体制为雨污合流制，雨污水经合流管道（管径为D300）收集后集中向南排入紫荆巷市政管网中（图2-3、图2-4）。

2.1.2 问题需求

（1）小区为雨污合流制，市政道路为分流制（图2-5）

应急管理局大院现状为雨污合流制，雨污水经合流管道（管径为D300）收集后集中向南排入紫荆巷市政管网中，紫荆巷内已完成雨污分流改造，小区所在的护城河北部片区整体上在进行雨污分流改造。因此，小区需要进行雨污分流改造，但由于小区内道路较窄，地下管位空间不足，传统的雨污分流改造方式难以落地。

（2）屋顶存在漏水问题，雨季影响正常使用（图2-6）

应急管理局大院东侧的办公楼屋顶由于年久失修，存在屋面漏水现象，严重影响楼内办公人员的正常使用，且带来一定的安全隐患。

（3）路面破损绿化枯死，景观效果亟待提升（图2-7、图2-8）

应急管理局大院整体上景观效果较差，亟待提升。院内硬质地面均为不透水的建设方式，由于年久失修，已经出现破损、开裂、甚至缺失的现象。院内的绿化存在长势较差、植被枯死、部分区域黄土裸露的现象。

（4）区域污染问题突出，导致受纳水体黑臭

项目位于护城河北部片区，区内多为雨污合流制，存在着较为严重的合流制溢流污染问题，此外城市面源污染缺少有效的控制措施，整体上区域污染问题突出，导致受纳水体护城河为黑臭水体。

图2-5 改造前雨污合流制

图2-6 改造前东办公楼漏水屋顶

图2-7 改造前破损硬质铺装

图2-8 改造前绿化景观效果差

2.1.3 建设目标

（1）设计目标

根据《鹤壁市海绵城市试点区系统化方案》，应急管理局大院海绵城市建设的设计目标指标如下：

年径流总量控制目标：年径流总量控制率为70%，对应的设计降雨量为23mm。

径流污染控制目标：年SS削减率不低于50%。

其他目标：实现雨污分流，雨水管渠设计重现期不低于2年一遇。

（2）设计原则

问题导向。以问题为导向，重点解决项目的现有问题。通过雨污分流改造和海绵化设施的建设，实现点源污染和面源污染的控制。结合海绵设施建设，系统提升小区内的整体环境和景观效果。解决屋面漏水问题。

分区控制。充分利用场地的地形坡向，在竖向分析的基础上，划分汇水分区，通过合理的雨水组织，以汇水分区为单位设置针对性的雨水控制与利用设施。

因地制宜。结合项目条件，科学选用适宜雨水设施，并根据需求进行技术优化；甄选适宜本地气候特征的植物种类进行配置。充分利用现有水池和合流制排水管网，实现现有设施的最大化利用。

技术创新。针对本地气候和水文地质特征，结合院内存在的实际问题，对雨水控制与利用设施进行创新和优化，提高可实施性，降低建设成本及后期运行维护难度。

2.1.4 建设方案

(1) 技术路线

根据上位规划的要求,分析现状水文地质特征和建设情况,确定项目的设计目标与指标。通过竖向分析和汇水分区划分,实现雨水的合理组织,以汇水分区为单位,分别确定各个汇水区的海绵设施。

整体上采用"雨水地表、污水地下"的方式实现雨污分流。北部办公楼的屋面雨水主要通过雨落管排入边沟并转输至雨水花园实现控制;东部办公楼的雨水首先通过屋面限流,实现削峰缓释后进入高位花坛实现消能和初期雨水净化,中后期雨水溢流至路面;路面雨水通过线型排水沟截流至雨水花园实现控制,多余的雨水溢流排放。通过铺装改造、绿化复植等措施提升小区的整体景观效果。

采用水力计算和软件模拟两种方式,对设施规模进行测算,量化评估项目建设效果。

图2-9为项目技术线路图。

(2) 设计参数

1) 体积控制

体积控制是针对年径流总量控制率对应的设计降雨量。本项目年径流总量控制率70%对应的设计降雨量为23mm。在小于该设计降雨条件下,通过各类雨水设施的共同作用,达到设计降雨控制要求(图2-10)。

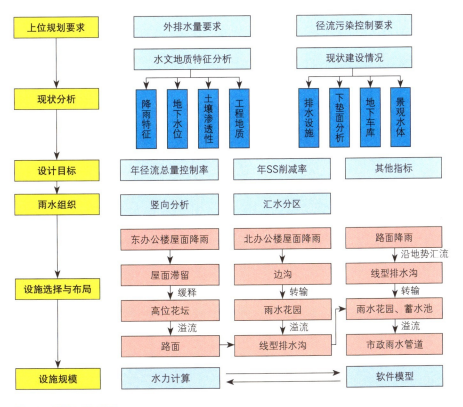

图2-9 项目技术路线图

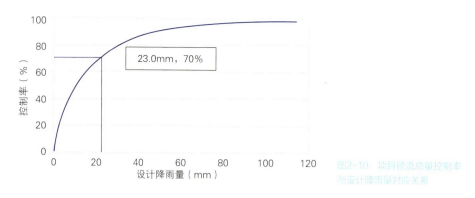

图2-10 项目径流总量控制率与设计降雨量对应关系

2)流量控制

本案例中流量控制是指特定重现期和历时的降雨条件下,区域雨水径流能够通过雨水管渠得到有效排除。设计暴雨强度q按鹤壁市暴雨强度公式和相关参数计算。

3)径流系数

径流系数包括雨量径流系数和流量径流系数,雨量径流系数主要用于体积控制的计算,流量径流系数用于流量控制的计算。根据《鹤壁市海绵城市建设项目设计说明提纲暨设计指引》,项目中不同下垫面的雨量径流系数、流量径流系数取值如表2-2所示。

不同下垫面径流系数统计　　　　　　　　　　　　　　　　　　　　　　　　　表2-2

序号	下垫面类型	雨量径流系数ϕ	流量径流系数ψ
1	建筑	0.85	0.90
2	不透水路面	0.85	0.90
3	绿地	0.15	0.15
4	透水路面	0.25	0.30

(3)总体方案

1)汇水分区(表2-3、图2-11)

为保障设计的各类雨水设施高效发挥控制作用,根据场地竖向、雨水管网布置以及海绵设施的潜在位置,将场地划分为3个汇水分区。汇水分区1面积为702.32m²,汇水分区2面积为748.77m²,汇水分区3面积为1207.45m²。

汇水分区下垫面情况统计表(m²)　　　　　　　　　　　　　　　　　　　　　　表2-3

汇水分区	路面	绿地	建筑	总计
1	126.08	40.62	535.6	702.32
2	555.69	131.03	62.05	748.77
3	577.91	118.81	510.73	1207.45
总计	1259.68	290.46	1108.38	2658.54

2)设施选择

通过现状问题分析和场地分析,结合应急管理局大院实际情况,适用于本项目

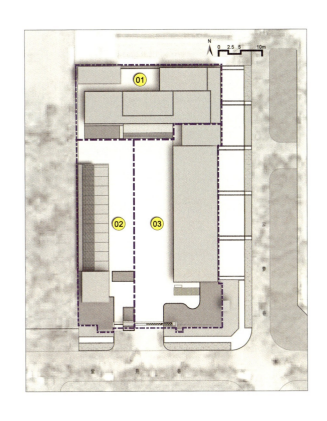

图2-11 汇水分区图

的海绵设施和做法主要有雨水花园、线型排水沟、透水铺装、高位花坛、滞水屋面等。

雨水花园。雨水花园指在地势较低的区域,通过植物、土壤和微生物系统蓄渗、净化径流雨水的设施。雨水花园的结构如图2-12所示,包括树皮覆盖层、换土层和砾石层等,总厚度约0.8m。

线型排水沟。通过线型排水沟,实现雨水的截流和转输。通过量化计算,项目内选用的线型排水沟的宽度为15~25cm,深度为15~20cm,如图2-13、图2-14所示。线型排水沟的敷设应满足3‰的竖向坡度,保障输水效果。同时,为防止烟头等垃圾进入线型排水沟,在盖板下增设过滤网。

透水铺装。结合大院内承载需求,在项目中采用的透水铺装主要包括三种形式:

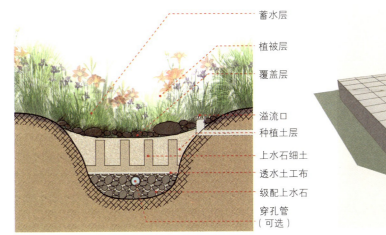

图2-12 雨水花园做法示意图　　图2-13 线型排水沟做法示意图

图2-14 线型排水沟实景照片

路面采用透水沥青铺装，具体建设方式为30mm透水沥青混凝土PAC-10+45mm透水沥青混凝土PAC-13+200mmC25透水水泥混凝土+100mm透水级配碎石+素土夯实层（图2-15）。

机动车停车位采用陶瓷透水砖铺装，具体建设方式为55mm深灰色陶瓷透水砖+30mm干硬性水泥砂浆+150mmC20透水水泥混凝土+150mm透水级配碎石+素土夯实层（图2-16）。

自行车停车位采用陶瓷透水砖铺装，具体建设方式为55mm深灰色陶瓷透水砖+30mm干硬性水泥砂浆+100mmC20透水水泥混凝土+150mm透水级配碎石+素土夯实层（图2-17）。

滞水屋面。又称蓝色屋顶，在屋顶雨落管周围用一定高度（一般可根据荷载允许值及水量控制目标计算得出）的挡板将其围挡，挡板下部预留直径2cm以下的过水口，当降雨强度没有超过挡板的高度时，调蓄的雨水将通过预留过水口缓慢释放，当降雨强度超过挡板时，超标的雨水将直接越过挡板通过雨落管排走。考虑到东侧办公楼存在的漏水问题，在设置滞水屋面前先对屋顶进行防水处理，满足防水要求后，通过对雨落管进行改造，实现滞水屋面的功能（图2-18）。

3）总体布局

将东侧办公楼屋顶改为滞水屋面，通过限制小雨时的流量来延长屋面雨水的排

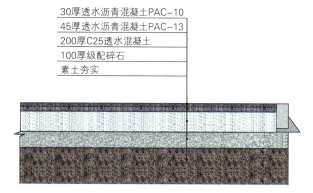

图2-15 透水沥青路面结构示意图

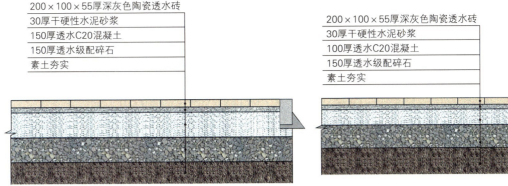

图2-16 机动车停车位陶瓷透水砖铺装结构示意图

图2-17 自行车停车位陶瓷透水砖铺装结构示意图

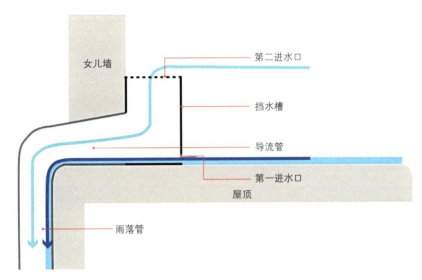

图2-18 滞水屋面雨水控制技术示意图

放时间，削减峰值流量，减小市政管网的排水压力，同时在每个雨落管处设置高位花坛，实现屋面雨水的消能和简单净化，高位花坛蓄满后溢流排放至路面；路面雨水通过排水沟汇流至雨水花园和蓄水池中，对雨水总量进行控制，实现源头减排。项目共设置四处雨水花园，可对初期雨水进行净化处理，减小其对城市水体的影响；当降雨强度大于调蓄设施所能容纳的最大值时，超标雨水通过相应的溢流管道排入市政雨水管道中（图2-19~图2-21）。

4）量化计算

以汇水分区为单位，按照70%年径流总量控制率对应的设计降雨量计算各个汇水分区所需要的调蓄容积。结合项目实际情况，各个汇水区的调蓄容积尽可能满足其控制要求，对于个别不能满足要求的汇水分区，通过其他汇水分区的进行协调控制，实现加权平均达标。计算过程如表2-4所示。

根据量化计算结果，项目的年径流总量控制率为70.5%，可以实现控制目标要求。

对项目中各类调蓄设施的排空时间按照以下公式进行计算。计算可得，项目内的各类设施的排空时间均低于24h。

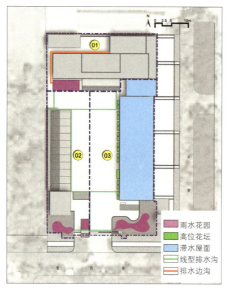

图2-19 海绵设施总体布局图　　　　图2-20 海绵设施与管网系统衔接图

图2-21 关键节点海绵设施布局及结构示意图

各汇水分区调蓄容积计算表　　　　　　　　　　　　　　　　　　　　　　　　　　　　　　表2-4

汇水分区	建筑（m²）	绿地（m²）	透水路面（m²）	不透水路面（m²）	面积（m²）	综合雨量径流系数	设计径流控制量（m³）	实际调蓄容积（m³）	控制降雨量（mm）	年径流总量控制率
1	535.6	40.62	113.32	12.76	702.3	0.71	11.47	5.9	15	57.9%
2	62.05	131.03	551.33	4.36	748.77	0.29	4.99	17.5	39.8	85.7%
3	510.73	118.81	566.27	11.64	1207.45	0.5	13.889	9.7	19.6	65.8%
合计	1108.38	290.46	1230.92	28.76	2658.52	0.5	30.35	33.1	—	70.5%

$$T_s = V_{sj}/3600\alpha K J A_s \qquad (2-1)$$

式中　T_s——渗透时间（h）；

　　　V_{sj}——设施的设计有效调蓄容积（m³）；

　　　α——综合安全系数，一般取0.5~0.8；

　　　K——土壤渗透系数（m/s），本工程取5×10^{-6}m/s；

J——水力坡降，一般可取$J=1$；

A_s——有效渗透面积（m^2）。

应急管理局大院海绵设施排空时间计算表见表2-5。

应急管理局大院海绵设施排空时间计算表　　　　　　　　　　　　　　　　表2-5

设施	调蓄水深（m）	综合安全系数	排空时间（h）	备注
1号雨水花园	0.15	0.7	11.9	<24h
2号雨水花园	0.20	0.7	15.87	<24h
3号雨水花园	0.05	0.7	3.97	<24h
4号雨水花园	0.20	0.7	15.87	<24h

5）植物选择

植物的选择直接决定了雨水花园等设施的景观效果以及能否有效发挥径流污染控制功能。按照以下原则进行植物的选择：适宜在中原地区生长的本土植物，适应能力强、抗旱耐湿相搭配，耐盐抗污能力强，耐寒类植物、冬季可保证景观需要，群落搭配、营造景观效果。总体上，本项目选择了鸢尾、地被月季、千屈菜、同瓣草、金边麦冬5种植物。

（4）特色做法

1）雨污分流改造模式探索

考虑到应急管理局大院占地面积较小，且地下管位空间有限，采用"雨水地表、污水地下"的雨水分流改造方式，用地表线型排水沟代替传统雨水管线。线型排水沟既起到截流和转输作用，又起到溢流管的作用，具体布局如图2-22所示。

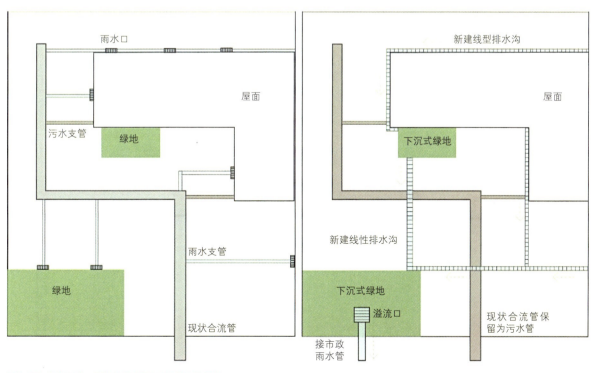

图2-22　雨水地表、污水地下的雨污分流改造模式图

并对这种建设方式是否能够满足2年一遇的标准进行了研究。利用PCSWMM软件，结合水力计算，模拟在2年一遇设计重现期下，地块长宽比在1∶1，1.5∶1，2∶1时，降雨产流峰值流量与线型排水沟的排水能力。模拟结果显示，当小区有4个排口时，用线型排水沟替代雨水管的雨污分流改造方式最大的适用面积是1~1.2hm²；当小区有2个排口时，用线型排水沟替代雨水管的雨污分流改造方式最大的适用面积是0.5~0.7hm²；当建筑小区有1个排口时，用线型排水沟替代雨水管的雨污分流改造方式最大的适用面积是0.2~0.3hm²（图2-23）。

模拟计算结果显示，"雨水地表、污水地下"的雨污分流改造方式在本地降雨特征下，一般适用于面积不超过1.2hm²的小区。

2）滞水屋面雨水控制技术

降雨时建筑屋面径流量占整个城市径流量的比重很大，因此建筑屋面雨水的控制效果会直接影响到整个城市的雨水控制效果。

常规的绿色屋顶对建设、养护及建筑屋面的承载力要求较高，结合项目实际情况研制的滞水屋面雨水控制技术，基本为"零投资"，可实现缓流、削峰和降低管网压力的作用，同时具备较好的节能效果（图2-24、图2-25）。

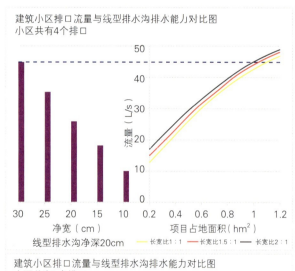

图2-23 建筑小区排口流量与线型排水沟能力对比图

滞水屋面实质上是改变了传统的屋面雨水"快排"模式,通过在建筑物的顶部设置雨水调节系统,使降落在屋面的雨水慢慢排出,从源头对雨水进行滞留,以有效减缓径流汇集速度,一般适用于符合屋顶荷载、防水等条件的平屋顶建筑。滞水屋面的使用,对于减轻城市雨水管渠系统排水压力、降低城市内涝灾害风险具有非常显著的效应。

3)现状水池的合理化利用

应急管理局大院门岗房现有一座废弃的生活水池,将其改造成雨水调蓄池,雨水经过雨水花园和溢流口的净化处理后流入池中,充分发挥现状水池的调蓄能力。考虑现状水池采用的是不透水结构,为使收集到的雨水可以及时的排空,在水池周边设置渗井,用穿孔管将渗井和水池相连接,调蓄的雨水通过渗井慢慢地全部渗透至地下,补充地下水;在渗井上设置溢流管,当雨水量较大时,超标的雨水将通过溢流管排入市政雨水管道,如图2-26所示。

2.1.5 建设成效

（1）项目投资

在鹤壁市应急管理局大院海绵城市改造项目中，采用"海绵城市改造+雨污分流新模式"的总投资为78.26万元。经估算，若采用"海绵城市改造+传统雨污分流"的建设方式，项目总投资为94.81万元。通过对比，"海绵城市改造+雨污分流新模式"相对于传统建设方式，节约了18%的工程投资（表2-6、表2-7）。

"海绵改造+雨污分流新模式"投资详表　　　　　　　　　　　　　　　　　　　　表2-6

序号	名称	数量	单位	单价（元）	总价（万元）
1	透水沥青	956	m²	500	47.80
2	透水砖铺装	370	m²	450	16.65
3	路缘石	210	m	80	1.68
4	雨水花园	108	m²	350	3.78
5	绿化提升	100	m²	200	2.00
6	导流边沟	30	m	200	0.60
7	高位蓄水花坛	21	个	1500	3.15
8	鹅卵石	70	m³	300	2.10
9	渗井	1	个	5000	0.50
10	线型排水沟	108	m	450	4.86
11	末端溢流管道	12	m	400	0.48
12	合计	—	—	—	78.26

"海绵改造+传统雨污分流"投资详表　　　　　　　　　　　　　　　　　　　　表2-7

序号	名称	数量	单位	单价（元）	总价（万元）
1	透水沥青	956	m²	500	47.8
2	透水砖铺装	370	m²	450	16.65
3	路缘石	210	m	80	1.68
4	雨水花园	108	m²	350	3.78
5	绿化提升	100	m²	200	2.00
6	导流边沟	30	m	200	0.60
7	高位蓄水花坛	21	个	1500	3.15
8	鹅卵石	70	m³	300	2.10
9	渗井	1	个	5000	0.5
10	雨水管道	86	m	400	3.44
11	雨水溢流口	3	个	1700	0.51
12	雨水检查井	6	个	3000	1.80
13	井盖及井座	6	个	800	0.48
14	路面恢复	86	m²	1200	10.32
15	合计	—	—	—	94.81

(2)直观效果

本项目的海绵城市改造以问题为导向,通过合理的雨水组织和技术创新,实现了雨污分流、雨水控制、涵养地下水等多重效益。

同时,将海绵城市建设与景观提升有效融合,工程建设完成后,应急管理局大院的整体环境和景观效果得到显著改善(图2-27~图2-31)。

(3)达标分析

利用XP Drainage低影响开发模拟软件对本项目的建设方案进行仿真模拟,评估项目海绵建设前后在24h设计降雨及典型年间隔5min降雨条件下的雨水径流总量控制率、径流峰值削减率和径流污染(以SS计)削减效果。模拟评估的技术路线如图2-32所示。

模型搭建后,对参数进行率定,并分别运行24h设计降雨和2011年间隔5min实测降雨数据模拟,模拟分析结果如下。

1)设计降雨模拟

模拟1年一遇24h降雨(56.3mm)条件下项目的年径流总量控制效果和峰值削减效果,海绵建设前后出流过程线如图2-33所示。

图2-27 改造后实景照片(一)

图2-28 改造后实景照片(二)

图2-29 改造后实景照片(三)

图2-30 改造后实景照片(四)

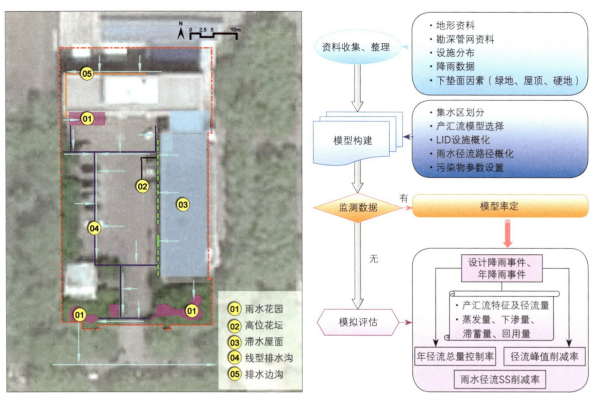

图2-31 改造后海绵设施总体布局图   图2-32 模拟评估技术路线图

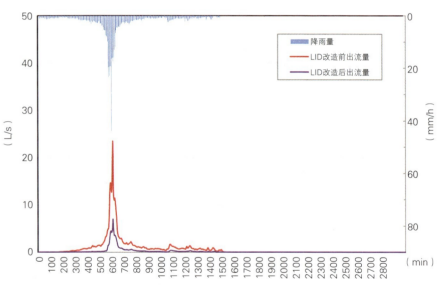

图2-33 1年一遇24h降雨（56.3mm）条件下模型模拟结果图

模拟结果显示，当项目遭遇1年一遇24h降雨（56.3mm）时，年径流总量控制率为80.7%，径流峰值削减率为69.7%，达到设计目标的要求（表2-8）。

24h设计降雨下模型模拟结果表　　　　　　　　　　　　　　　　　　　　　　　　　表2-8

24h设计降雨	状态	降雨量（mm）	面积×降雨（m³）	出流峰值（L/s）	系统外排量（m³）	不外排径流量比例	峰值削减率
1年一遇24h降雨量	建设前	56.3	0.2653	23.4	121.0	19.0%	69.7%
	建设后	56.3	0.2653	7.1	28.9	80.7%	

2）典型年降雨模拟

在2011年间隔5min降雨数据下的模拟结果表明，项目的总外排水量为553.0m³，年径流总量控制率为72.5%，满足设计目标的要求，如图2-34所示。

全年雨水径流SS削减率模拟结果如图2-35所示。根据模拟结果，年SS削减率为57.8%，达到设计目标要求。

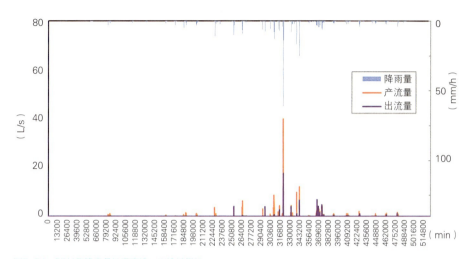

图2-34　2011年降雨条件下产流、出流过程线

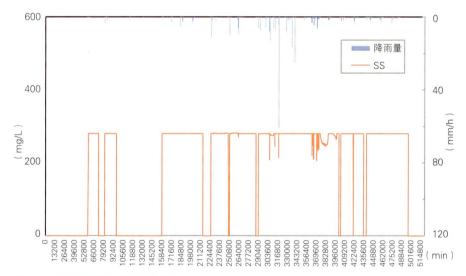

图2-35　2011年降雨条件下SS出流过程线

（4）借鉴意义

本项目创新性地采用了"将合流管保留为污水管、新建线型排水沟作为雨水管"的雨污分流改造方式，实现"雨水走地表、污水走地下"。这种改造方式不仅可以减小对现状路面的破坏、降低工程造价，还可避免产生新的混接、错接。

此外，该项目应用了专利技术"蓝色屋顶"，通过滞留雨水、调节流量来延长排放时间、削减峰值流量，取得了良好的效果。

2.2 建行北院海绵城市改造

2.2.1 项目概况

鹤壁市建行北院位于海绵城市试点区的棉丰渠片区，西邻玉兰巷，北邻淇河路、南邻海棠巷，总占地面积约为1.52hm²，始建于1995年，为老旧小区改造类项目。

建行北院建筑密度约为49%，绿化率约为29%，通过加权平均计算，项目现状综合雨量径流系数为0.65，如表2-9所示，项目区位图如图2-36所示，项目用地现状与下垫面分析图如图2-37所示。

项目现状下垫面分析表　　　　　　　　　　　　　　　　　　　　　表2-9

下垫面类型	面积（m²）	比例	雨量径流系数
绿地	4376.29	28.8%	0.15
建筑	7445.13	49.0%	0.85
不透水路面	3381.83	22.2%	0.85
合计	15203.25	100%	0.65

图2-36　项目区位图

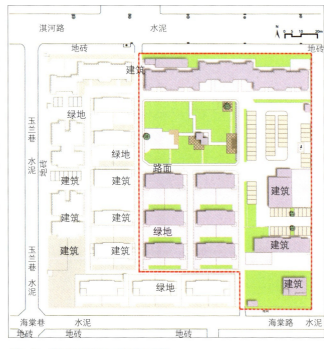

图2-37　项目用地现状与下垫面分析图

建行北院内整体地势较为平坦,竖向高程介于92.4~94.3m,其中,南北向有一定的坡度,整体上北高南低,坡度约3‰。项目现状排水体制为雨污合流制,院内中部区域采用边沟收集雨水,至南部后与污水混合,通过合流管排入市政管网(图2-38、图2-39)。

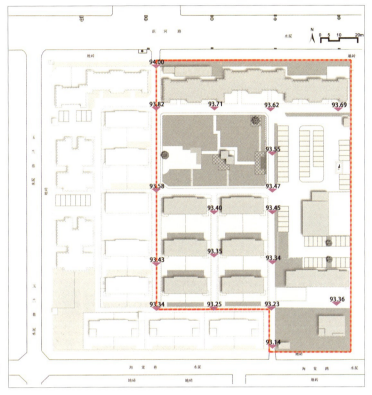

图2-38 项目现状竖向分析图

图2-39 项目现状排水管网分布图

2.2.2 问题需求

（1）小区为雨污合流制，市政道路为分流制

建行北院现状以雨污合流制为主，院内中部区域采用边沟收集雨水，至南部后与污水混合，通过合流管排入淇河路市政管网，但淇河路市政管网已完成雨污分流改造，小区所在的棉丰渠片区整体上在同步实施雨污分流改造。因此，小区需要进行雨污分流改造，但由于小区内道路较窄，地下管位空间不足，传统的雨污分流改造方式难以落地（图2-40）。

（2）路面破损绿化枯死，景观效果亟待提升

建行北院建成年代久远，距今已25年，缺乏有效的维护管理。小区内现状绿化多为居民自种蔬菜以及自然生长的杂树，中央空地垃圾堆积成山，植被枯死，景观效果不佳。院内路面破损严重，平整度差，部分道牙石损毁严重。小区里还存在私搭乱建、车辆乱停乱放等问题，居民对人居环境改善的需求特别强烈（图2-41、图2-42）。

图2-40 现状排水管网踏查实景照片

图2-41 中央绿地景观效果差　　图2-42 小区硬化地面破损

(3)区域污染问题突出,导致受纳水体黑臭

项目位于棉丰渠片区,区内多为雨污合流制,存在着较为严重的合流制溢流污染问题,此外城市面源污染缺少有效的控制措施,整体上区域污染问题突出,导致棉丰渠水质较差,棉丰渠为护城河的支流,汇入护城河后,护城河成为黑臭水体。

2.2.3 建设目标

(1)设计目标

根据《鹤壁市海绵城市试点区系统化方案》,建行北院海绵城市建设的设计目标指标如下:

年径流总量控制目标:年径流总量控制率为72%,对应的设计降雨量为24mm。

径流污染控制目标:年SS削减率不低于52%。

其他目标:实现雨污分流,雨水管渠设计重现期不低于2年一遇。

(2)设计原则

问题导向。以问题为导向,重点解决项目的现有问题。通过雨污分流改造和海绵化设施的建设,实现点源污染和面源污染的控制。结合海绵设施建设,系统提升小区内的整体环境和景观效果。

分区控制。充分利用场地的地形坡向,在竖向分析的基础上,划分汇水分区,通过合理的雨水组织,以汇水分区为单位设置针对性的雨水控制与利用设施。

因地制宜。结合项目条件,科学选用适宜雨水设施,并根据需求进行技术优化;甄选适宜本地气候特征的植物种类进行配置。

技术创新。针对本地气候和水文地质特征,结合小区内存在的实际问题,对雨水控制与利用设施进行创新和优化,提高可实施性,降低建设成本及后期运行维护难度。

2.2.4 建设方案

(1)技术路线

根据上位规划的要求,分析现状水文地质特征和建设情况,确定项目的设计目标与指标。通过竖向分析和汇水分区划分,实现雨水的合理组织,以汇水分区为单位,分别确定各个汇水区的海绵设施。

整体上采用"雨水地表、污水地下"的方式实现雨污分流。屋面雨水通过高位花坛实现消能和初期雨水净化后,溢流至路面后通过线型排水沟截流至雨水花园;绿地内产生的雨水通过旱溪汇入雨水花园内,路面雨水通过线型排水沟截流至雨水花园实现控制,多余的雨水溢流排放。通过路面白改黑、生态停车位改造、绿化复植等措施提升小区的整体景观效果。

采用水力计算和软件模拟两种方式,对设施规模进行测算,量化评估项目建设效果(图2-43)。

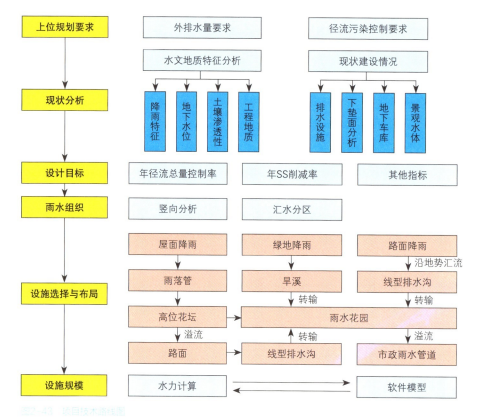

图2-43 项目技术路线图

(2) 设计参数

1) 体积控制

体积控制是针对年径流总量控制率对应的设计降雨量。本项目年径流总量控制率72%对应的设计降雨量为24mm。在小于该设计降雨条件下，通过各类雨水设施的共同作用，达到设计降雨控制要求（图2-44）。

2) 流量控制

本案例中流量控制是指在特定重现期和历时的降雨条件下，区域雨水径流能够通过雨水管渠得到有效排除。设计暴雨强度q按鹤壁市暴雨强度公式和相关参数计算。

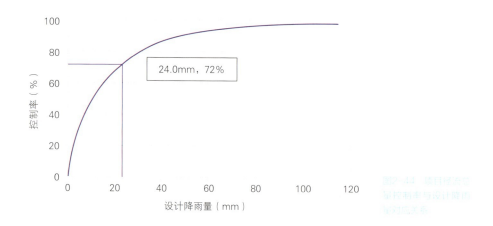

图2-44 项目年径流总量控制率与设计降雨量关系曲线

3）径流系数

径流系数包括雨量径流系数和流量径流系数，雨量径流系数主要用于体积控制的计算，流量径流系数用于流量控制的计算。根据《鹤壁市海绵城市建设项目设计说明提纲暨设计指引》，项目中不同下垫面的雨量径流系数、流量径流系数取值如表2-10所示。

不同下垫面径流系数统计表　　　　　　　　　　　　　　　　　　　　　　　表2-10

序号	下垫面类型	雨量径流系数 ϕ	流量径流系数 ψ
1	建筑	0.85	0.90
2	不透水路面	0.85	0.90
3	绿地	0.15	0.15
4	透水路面	0.25	0.30

（3）总体方案

1）汇水分区

为保障设计的各类雨水设施高效发挥控制作用，根据场地竖向、雨水管网布置以及海绵设施的潜在位置，将场地划分为8个汇水分区，如图2-45、表2-11所示。

图2-45　汇水分区图

汇水分区下垫面情况统计表（单位：m²） 表2-11

分区编号	路面	绿地	建筑	总计
1	2680.05	1460.87	1503.59	5644.51
2	169.3	230.27	406.68	806.25
3	94.03	234.93	317.66	646.62
4	464.49	440.46	178.88	1083.83
5	1064.48	596.01	417.9	2078.39
6	730.83	0	25	755.83
7	1217.32	1360.69	289	2867.01
8	1024.63	53.06	243.12	1320.81
总计	7445.13	4376.29	3381.83	15203.25

2）设施选择

根据现状问题分析，结合建行北院实际情况，适用于本项目的海绵设施和做法主要有雨水花园、线型排水沟、透水铺装、高位花坛等。

雨水花园。雨水花园指在地势较低的区域，通过植物、土壤和微生物系统蓄渗、净化径流雨水的设施。雨水花园的结构如图2-46所示，包括树皮覆盖层、换土层和砾石层等，总厚度约0.8m。

线型排水沟。通过线型排水沟，实现雨水的截流和转输。通过量化计算，项目内选用的线型排水沟的宽度为15~25cm，深度为15~20cm，如图2-47所示。线型排水沟的敷设应满足3‰的竖向坡度，保障输水效果。同时，为防止烟头等垃圾进入线型排水沟，在盖板下增设过滤网。

透水铺装。结合小区内承载需求，在项目中采用的透水铺装主要包括三种形式：

停车位采用透水砖铺装，具体建设方式为60mm透水砖+30mm干硬性水泥砂浆+100mmC20透水水泥混凝土+60mm中砂垫层+素土夯实层（图2-48）。

人行道采用透水砖铺装，具体建设方式为60mm透水砖+30mm中砂找平层+100mm透水水泥混凝土+150mm透水级配碎石+素土夯实层（图2-49）。

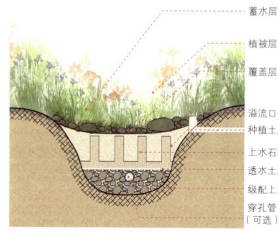

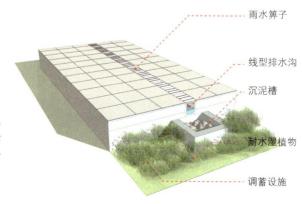

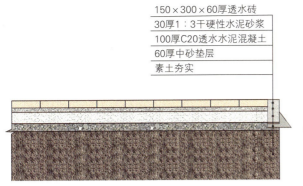

图2-48 停车位透水铺装结构示意图

图2-49 人行道透水砖铺装结构示意图

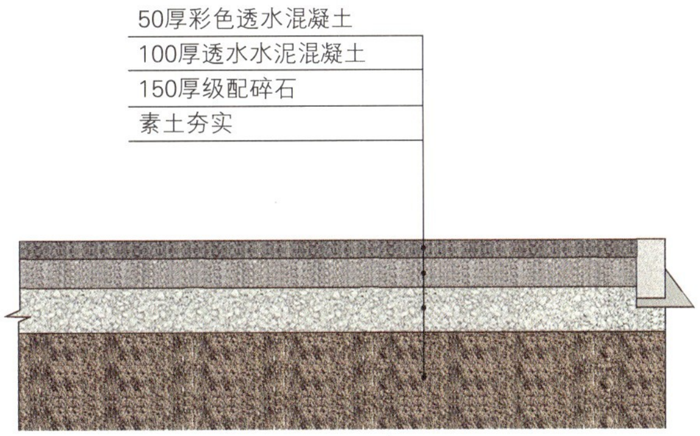

图2-50 园路、休闲空间铺装结构示意图

中央绿地内的园路和休闲空间路面采用透水混凝土铺装，具体建设方式为50mm彩色透水混凝土+100mm透水水泥混凝土+150mm透水级配碎石+素土夯实层（图2-50）。

3）总体布局

以中央绿地为核心，结合景观提升，将其打造为兼具雨水收集和提供休息娱乐场地双重功能的场所。同时针对现状路面破损问题，对路面进行"白改黑"，将现状停车场改造为生态透水停车场。沿建筑雨落管设置高位花坛，沿道路设置线型排水沟，将屋面和路面的雨水截流至雨水花园中，超标雨水通过溢流口排入市政雨水管道中（图2-51~图2-53）。

4）量化计算

以汇水分区为单位，按照72%年径流总量控制率对应的设计降雨量计算各个汇水分区所需要的调蓄容积。结合项目实际情况，各个汇水区的调蓄容积尽可能满足其控制要求，对于个别不能满足要求的汇水分区，通过其他汇水分区进行协调控制，实现加权平均达标。计算过程如表2-12所示。

根据量化计算结果，项目的年径流总量控制率为72.6%，可以实现控制目标要求。

对项目中各类调蓄设施的排空时间按照以下公式进行计算。计算可得，项目内的各类设施的排空时间均低于24h。

图2-51 海绵设施总体布局图

图2-52 海绵设施与管网系统衔接图

图2-53 关键节点海绵设施布局及结构示意图

各汇水分区调蓄容积计算表 表2-12

汇水分区	建筑（m²）	绿地（m²）	透水路面（m²）	不透水路面（m²）	面积（m²）	综合雨量径流系数	设计降雨量(mm)	设计径流控制量(m³)	实际调蓄容积(m³)	控制降雨量（mm）	年径流总量控制率
1	1503.59	1460.87	0.00	2680.05	5644.51	0.67	24	90.61	70.49	18.67	64.0%
2	406.68	230.27	0.00	169.3	806.25	0.65	24	12.58	19.76	37.70	84.1%
3	317.66	234.93	0.00	94.03	646.62	0.60	24	9.24	9.76	25.34	73.1%
4	178.88	440.46	71.42	393.07	1083.83	0.53	24	13.68	15.94	27.96	75.6%
5	417.9	596.01	170.20	894.28	2078.39	0.60	24	29.94	33.18	26.60	74.9%
6	25	0	318.27	412.56	755.83	0.60	24	10.84	9.58	21.22	68.1%
7	289	1360.69	721.45	495.87	2867.01	0.37	24	25.24	38.90	36.99	85.7%
8	243.12	53.06	476.74	547.89	1320.81	0.61	24	19.19	18.30	22.89	69.9%
合计	3381.83	4376.29	1758.08	5687.05	15203.25	0.58	24	211.31	215.91	24.52	72.6%

$$T_s = V_{sj}/3600\alpha KJA_s \quad (2-2)$$

式中　　T_s——渗透时间（h）；

　　　　V_{sj}——设施的设计有效调蓄容积（m³）；

　　　　α——综合安全系数，一般取0.5~0.8；

　　　　K——土壤渗透系数（m/s），本工程取4×10^{-6}m/s；

　　　　J——水力坡降，一般可取$J=1$；

　　　　A_s——有效渗透面积（m²）。

建行北院海绵设施排空时间计算表见表2-13。

建行北院海绵设施排空时间计算表　　　　　　　　　　　　　　　　　　表2-13

序号	设施	调蓄水深（m）	综合安全系数	排空时间（h）	备注
1	下沉式绿地	0.12	0.7	11.90	<24h
2	生物滞留带	0.2	0.7	19.84	<24h
3	雨水花园、旱溪	0.2	0.7	19.84	<24h
4	雨水花园	0.15	0.7	14.88	<24h

（4）特色做法

考虑到建行北院占地面积较小，且地下管位空间有限，创新性采用"雨水地表、污水地下"的雨水分流改造方式，用地表线型排水沟代替传统雨水管线。线型排水沟既起到截流和转输作用，又起到溢流管的作用，具体布局如图2-54所示。

图2-54　雨水地表、污水地下的雨污分流改造模式图

2.2.5 建设成效

（1）项目投资

建行北院海绵城市改造项目的工程总投资为125.8万元，单位面积建设用地的海绵城市建设投资为83元，详见表2-14。

项目投资计表　　　　　　　　　　　　　　　　　　　　　　　　　　　表2-14

序号	名称	数量	单位	单价（元）	总价（万元）
1	生物滞留带	80	m²	250	2.00
2	下沉式绿地	872	m²	100	8.72
3	雨水花园	1072	m²	250	26.80
4	植草沟	103	m²	50	0.52
5	景观旱溪	170	m²	250	4.25
6	HDPE双壁波管DN300	237	m	150	3.56
7	HDPE双壁波管DN400	70	m	260	1.82
8	HDPE双壁波管DN600	20	m	440	0.88
9	平箅式双箅雨水口	9	个	1700	1.53
10	砖砌φ1000检查井	7	座	4000	2.80
11	成品排水沟	302	m	250	7.55
12	混凝土排水沟	85	m	250	2.13
13	路面罩面	4565	m²	45	20.54
14	路沿石	1714	m	80	13.71
15	透水铺装停车场	999	m²	290	28.97
16	合计	—	—	—	125.8

（2）直观效果

本项目的海绵城市改造以问题为导向，通过合理的雨水组织和技术创新，实现了雨污分流、雨水控制、涵养地下水等多重效益。

同时，将海绵城市建设与景观提升有效融合，工程建设完成后，建行北院的整体环境和景观效果得到显著改善（图2-55~图2-62）。

鹤壁新闻网相关报道：

在小区党支部和社区工作人员的共同努力下，抓住了我市海绵城市改造的机遇，一年的时间让小区环境大变样，中间的空地变成了小花园，有健身器材、文化长廊等。

胡爱莲说："以前想溜弯儿都没地方去。现在小区改造得很漂亮，看着就舒坦，只要天气好我就会出来转转。"

图2-55 改造后实景照片（一）

图2-56 改造后实景照片（二）

图2-57 改造后实景照片（三）

图2-58 改造后实景照片（四）

图2-59 改造后实景照片（五）

图2-60 改造后实景照片（六）

图2-61 关键节点雨水流向示意图

图2-62 改造后海绵设施总体布局图

现在的建行北院家属院，居住环境有了很大的改善，但改造小区是个大工程，刚开始也遭到了部分居民的反对。"有居民还想继续在空地上种菜，还有的居民不愿意拆除私自搭建的小屋。了解到居民的顾虑之后，我们党支部和社区的工作人员挨家挨户做工作，获得了大家的理解和支持。"李学增说，大家对改造后的小区都很满意。

"就拿俺家来说吧，刚开始我对改造也有意见，但是经过改造，困扰俺家多年的墙面渗水问题解决了，俺非常感激党支部和社区。"家住一楼的78岁戴大爷说，多年来，一下雨他家房后就积水严重，当得知他家房后要改造成一个景观池时，他担心墙面渗水的问题会更严重。党支部了解到戴大爷的顾虑后，在社区工作人员常黎明的帮助下，联系施工方修改了施工方案，在戴大爷家房后增加了一条排水沟，积水、墙面渗水的问题得到了彻底解决。

建行北院党支部和社区党委结合实际情况，在实际工作中摸索实践，创立了"三上三下"工作法。"把居民意见收集上来，把初步方案公布下去；把居民对初步方案的意见收集上来，把完善后的最终方案公布下去；把对方案落实情况的反馈意见收集上来，把最终整改的情况公布下去。直到居民们都满意，我们才会结束工作。"任宪英说，建行北院采用"三上三下"工作法取得了不错的效果，社区将继续完善这一工作法并在其他小区推广。

"社区的工作也由被动变为主动，居民们的意见我们都会记心上。"社区党委委员岳媛说，两个月前她和任宪英到建行北院做回访工作时，听到白新亚和一些老人提了句："小区的广场上要是有健身器材就更好了。"任宪英将此记在了心上。从申请到安装，一周的时间健身器材就落实到位，居民们惊喜的同时，对社区工作人员和小区党支部竖起了大拇指。

（3）达标分析

利用XP Drainage低影响开发模拟软件对本项目的建设方案进行模拟，评估项目海绵建设前后在24h设计降雨及典型年间隔5min降雨条件下的雨水径流总量控制率、径流峰值削减率和径流污染（以SS计）削减效果。模拟评估的技术路线如图2-63所示。

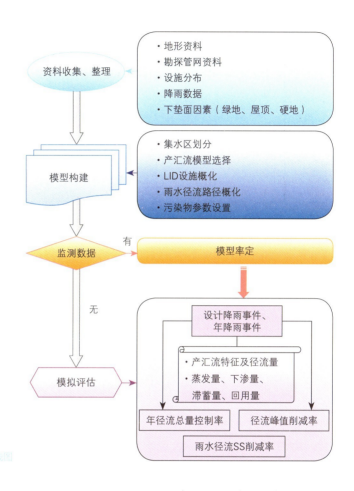

图2-63 模拟评估技术路线图

模型搭建后，对参数进行率定，并分别运行24h设计降雨和2011年间隔5min实测降雨数据模拟，统计分析结果如下。

1）设计降雨模拟

模拟1年一遇24h降雨（56.3mm）条件下项目的年径流总量控制效果和峰值削减效果（表2-15），海绵建设前后出流过程线如图2-64所示。

24h设计降雨下模型模拟结果表　　　　　　　　　　　　　　　　　　　　　　　　　　　表2-15

24h设计降雨	状态	降雨量（mm）	面积×降雨（m³）	出流峰值（L/s）	系统外排量（m³）	不外排径流量比例	峰值削减率
1年一遇24h降雨量	建设前	56.3	1417.2	188.9	1013.0	28.5%	53.2%
	建设后	56.3	1417.2	88.4	488.3	72.6%	

模拟结果显示，当项目遭遇1年一遇24h降雨（56.3mm）时，年径流总量控制率为72.6%，径流峰值削减率为53.2%。

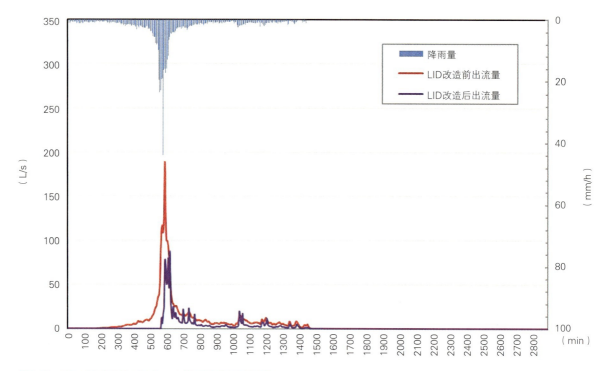

图2-64 1年一遇24h降雨（56.3mm）条件下模型模拟结果图

2）典型年降雨模拟

在2011年间隔5min降雨数据下的模拟结果表明，项目的总外排水量为4667.1m³，年径流总量控制率为73.8%，满足设计目标的要求，如图2-65所示。

全年雨水径流SS削减率模拟结果如图2-66所示。根据模拟结果，项目年SS削减率为59.6%，达到设计目标要求。

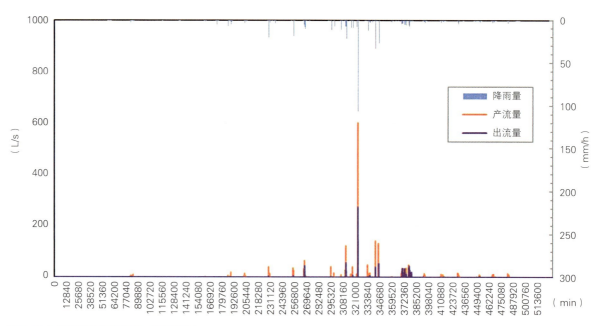

图2-65 2011年降雨条件下产流、出流过程线

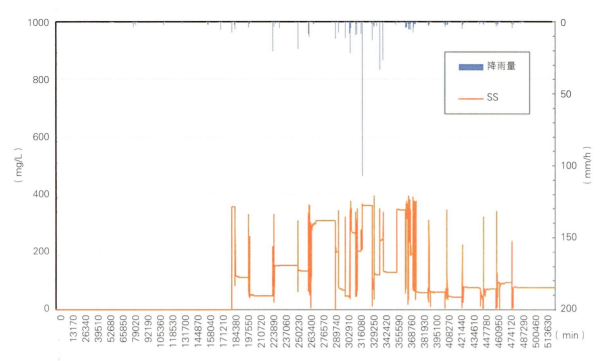

图2-66 2011年降雨条件下SS出流过程线

3）借鉴意义

本项目创新性地采用了将合流管保留为污水管、新建线型排水沟作为雨水管的雨污分流改造方式，实现"雨水走地表、污水走地下"。这种改造方式不仅可以减小对现状路面的破坏、降低工程造价，还可避免产生新的混、错接。

此外，在老旧小区海绵改造中，通过路面"白改黑"、景观统筹与提升等措施，实现小区人居环境的大幅提升。在建行北院完成海绵改造过程中，同步成立社区党支部，主动参与到项目中，征集居民意见，为项目方案出谋划策，并肩负起海绵设施维护管理职责，这种推进模式在建筑小区类改造项目中具有借鉴意义。

2.3 教育局大院海绵城市改造

2.3.1 项目概况

鹤壁市教育局大院位于海绵城市试点区的护城河北部片区，东临兴鹤大街，南至黄河路，总占地面积约为1.58hm²，始建于1997年，为老旧小区改造类项目。

教育局大院内主要包括两栋办公楼、一个停车场、一片绿地，其余为硬质地面。整体上建筑密度约为18%，绿化率约为41%，通过加权平均计算，项目现状综合雨量径流系数为0.65，如表2-16、图2-67~图2-70所示。

项目现状下垫面分析表　　　　　　　　　　　　　　　　　　　　　　　　　表2-16

下垫面类型	面积（m²）	比例	雨量径流系数
绿地	6506.91	41.2%	0.15
建筑	2837.35	18.0%	0.85
不透水路面	6431.88	40.8%	0.85
合计	15776.14	100.0%	0.56

图2-67　项目区位图

图2-68　项目用地现状与下垫面分析图

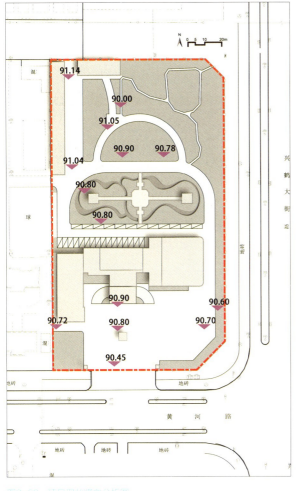
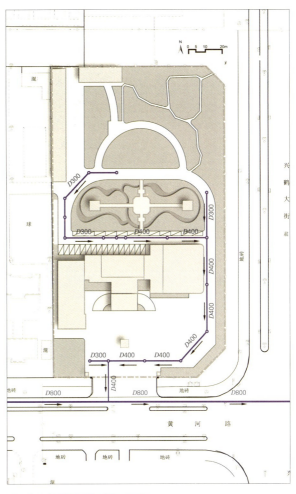

图2-69 项目现状竖向分析图　　图2-70 项目现状雨水管网分布图

教育局大院内整体地势较为平坦,其中南北向有一定的坡度、整体上北高南低,坡度约3.6‰。现状排水体制为雨污分流制,雨水经管道收集（$D300\sim D400$）后集中向南排入黄河路市政雨水管网。

2.3.2 问题需求

（1）路面破损绿化枯死,景观效果亟待提升

教育局大院内硬质地面均为不透水的建设方式,由于年久失修,已经出现破损、开裂、甚至缺失的现象。院内的绿化存在长势较差、植被枯死、部分区域黄土裸露的现象。整体上景观效果较差,亟待提升（图2-71）。

（2）院内绿化面积较大,绿地浇灌需水量高

教育局大院中的绿化面积为6506.91m²,占整个场地的比例高达41.2%,绿化浇灌的需水量较高,主要依靠自来水,年需水量约5000t。院内的绿地主要位于北侧,且基本为成片绿地,因此对于通过雨水收集并回用于浇洒的需求和可实施性较高（图2-72）。

图2-71 教育局大院改造前路面破损

图2-72 教育局大院改造前黄土裸露

（3）区域污染问题突出，导致受纳水体黑臭

教育局大院位于护城河北部片区，整体上区域污染问题较突出，受纳水体护城河为上报黑臭水体，整个片区对于点源污染和面源污染控制的需求较强。具体到教育局大院，现状为分流制，生活污水经过污水管收集后排入市政污水管，点源污染已得到有效控制，因此本项目主要的需求是面源污染控制。

2.3.3 建设目标

（1）设计目标

根据《鹤壁市海绵城市试点区系统化方案》，教育局大院海绵城市建设的设计目标指标如下：

年径流总量控制目标：年径流总量控制率为75%，对应的设计降雨量为26mm。

径流污染控制目标：年SS削减率不低于53%。

（2）设计原则

问题导向。以问题为导向，重点解决项目的现有问题。通过海绵城市建设，实现面源污染的控制。结合海绵设施建设，系统提升小区内的整体环境和景观效果。尽可能将收集到的雨水净化后用于绿地浇洒，降低自来水需水量。

分区控制。充分利用场地的地形坡向，在竖向分析的基础上，划分汇水分区，通过合理的雨水组织，以汇水分区为单位设置针对性的雨水控制与利用设施。

因地制宜。结合项目条件，科学选用适宜的雨水设施，并根据需求进行技术优化；甄选适宜本地气候特征的植物种类进行配置；合理利用地形、管网条件，充分发挥绿色雨水设施、管网等不同设施耦合功能。

技术创新。针对本地气候和水文地质特征，结合小区内存在的实际问题，对雨水控制与利用设施进行创新和优化，提高可实施性，降低建设成本及后期运行维护难度。

2.3.4 建设方案

(1) 技术路线（图2-73）

根据上位规划的要求，分析现状水文地质特征和建设情况，确定项目的设计目标与指标。通过竖向分析和汇水分区划分，实现雨水的合理组织，以汇水分区为单位，分别确定各个汇水区的海绵设施。

屋面雨水通过雨落管径流控制专利技术实现消能和初期雨水净化后，排放至路面并通过线型排水沟截流至雨水花园；绿地内的雨水通过旱溪引入雨水花园，路面雨水通过线型排水沟截流至雨水花园；雨水在雨水花园中下渗净化，北部连片绿地的雨水花园的底部设置穿孔管，将净化后的雨水收集至雨水调蓄池并用于绿地浇洒，多余的水溢流排放。

采用水力计算和软件模拟两种方式，对设施规模进行测算，量化评估项目建设效果。

(2) 设计参数

1) 体积控制

体积控制时针对年径流总量控制率对应的设计降雨量。本项目年径流总量控制率75%对应的设计降雨量为26mm。在小于该设计降雨条件下，通过各类雨水设施的共同作用，达到设计降雨控制要求（图2-74）。

2) 流量控制

本案例中流量控制是指特定重现期和历时的降雨条件下，区域雨水径流能够通

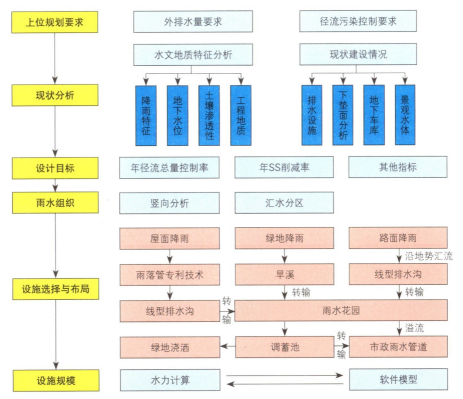

图2-73 项目技术路线图

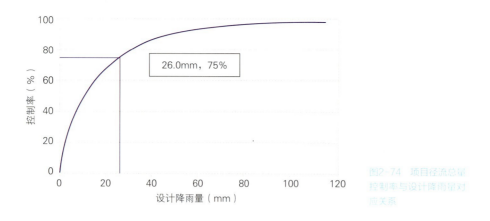

图2-74 项目径流总量控制率与设计降雨量对应关系

过雨水管渠得到有效排除。设计暴雨强度q按鹤壁市暴雨强度公式和相关参数计算。

3）径流系数

径流系数包括雨量径流系数和流量径流系数，雨量径流系数主要用于体积控制的计算，流量径流系数用于流量控制的计算。根据《鹤壁市海绵城市建设项目设计说明提纲暨设计指引》，项目中不同下垫面的雨量径流系数、流量径流系数取值如表2-17所示。

不同下垫面径流系数统计表　　　　　　　　　　　　　　　　　　　　　　　表2-17

序号	下垫面类型	雨量径流系数ϕ	流量径流系数ψ
1	建筑	0.85	0.90
2	不透水路面	0.85	0.90
3	绿地	0.15	0.15
4	透水路面	0.25	0.30

（3）总体方案

1）汇水分区

为保障设计的各类雨水设施高效发挥控制作用，根据场地竖向、雨水管网布置以及海绵设施的潜在位置，将场地划分为5个汇水分区，如图2-75、表2-18所示。

汇水分区下垫面情况统计表（单位：m）　　　　　　　　　　　　　　　　　表2-18

汇水分区	建筑	绿地	路面	面积
1	682.92	1264.6	1189.3	3136.82
2	0	2367.1	360.32	2727.42
3	628.93	1889.62	1767.05	4285.60
4	839.22	435.91	1104.78	2379.91
5	686.28	549.68	2010.43	3246.39
合计	2837.35	6506.91	6431.88	15776.14

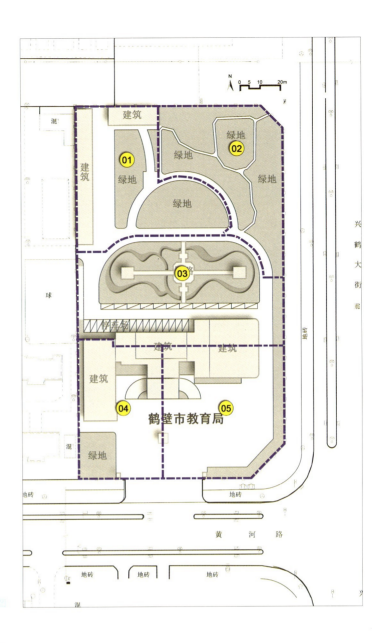

2）设施选择

根据现状问题分析和场地分析，结合市教育局大院的实际情况，适用于本项目的海绵设施和做法主要有雨水花园、线型排水沟、透水铺装、高位花坛、雨水调蓄池等。

雨水花园。雨水花园指在地势较低的区域，通过植物、土壤和微生物系统蓄渗、净化径流雨水的设施。雨水花园做法示意图如图2-76所示，包括树皮覆盖层、换土层和砾石层等，总厚度约0.8m。其中，碎石层中间隔配置上水石细工，增加雨水花园底部水循环能力。

线型排水沟。通过线型排水沟，实现雨水的截流和转输。通过量化计算，项目内选用的线型排水沟的宽度为15~30cm，深度为15~20cm，如图2-77所示。线型排水沟的敷设应满足3‰的竖向坡度，保障输水效果。同时，为防止烟头等垃圾进入线型排水沟，在盖板下增设过滤网。

透水铺装。结合大院内承载需求，在项目中采用的透水铺装主要包括两种形式：停车位的改造采用透水砖铺装，具体建设方式为80mm透水砖+30mm细石透水混凝土+150mmC25无砂大孔混凝土基层+200mm级配碎石+素土夯实层（图2-78）。

路面改造采用透水沥青铺装，具体建设方式为50mm黑色沥青PAC-10+300mmATPB25沥青碎石垫层+200mm级配碎石垫层+素土夯实层（图2-79）。

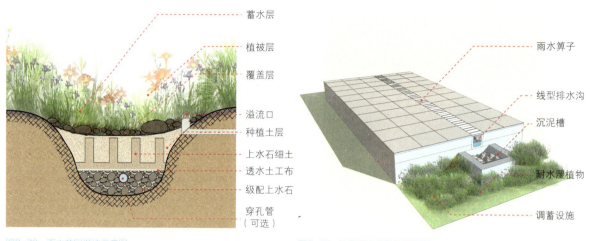

图2-76 雨水花园做法示意图

图2-77 线型排水沟做法示意图

图2-78 停车位透水砖铺装结构示意图

图2-79 路面透水沥青铺装结构示意图

雨水调蓄池。雨水调蓄池指具有雨水储存功能的集蓄利用设施，同时也具有削减峰值流量的作用。本项目采用的是塑料蓄水模块拼装式调蓄池，调蓄容积为120m³。

3）总体布局

路面雨水通过线型排水沟进行收集，并在路缘石间隔15m开口，使路面雨水排入绿地中雨水花园等设施。人行道进行透水铺装改造，促进雨水直接下渗。在绿地中结合绿地微地形变化，在低洼处建设雨水花园，将屋面雨水、路面雨水引入雨水花园中，实现径流污染的控制；在大院北部结合道路竖向将屋面雨水、路面雨水首先引入雨水花园中，净化后的雨水排入雨水调蓄池进行资源化利用（图2-80~图2-82）。

4）量化计算

以汇水分区为单位，按照75%年径流总量控制率对应的设计降雨量计算各个汇水分区所需要的调蓄容积。结合项目实际情况，各个汇水区的调蓄容积尽可能满足其控制要求，对于个别不能满足要求的汇水分区，通过其他汇水分区的进行协调控制，实现加权平均达标。计算过程如表2-19所示。

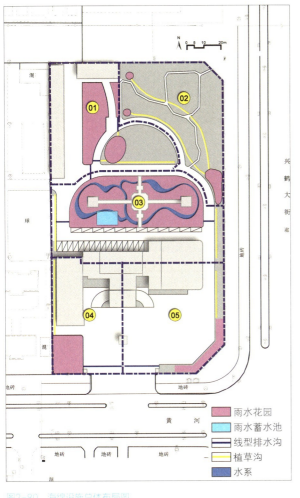

图2-80 海绵设施总体布局图

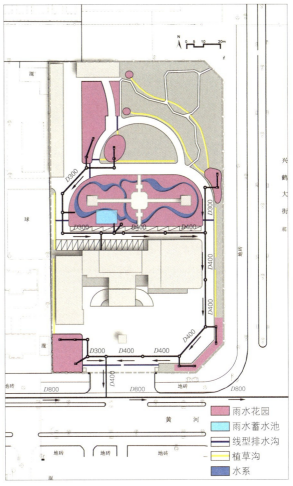

图2-81 海绵设施与管网系统衔接图

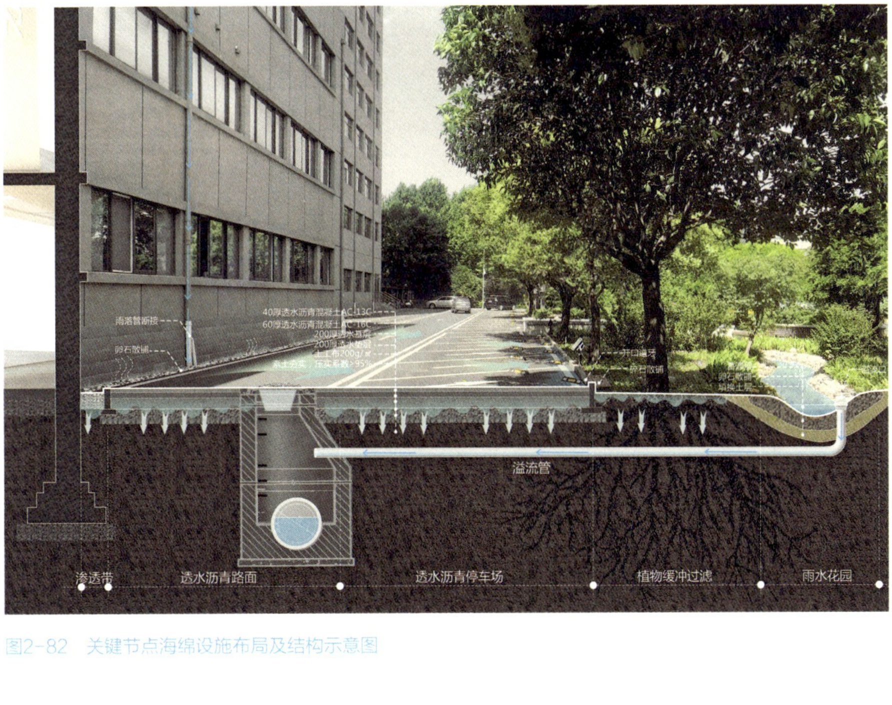

图2-82 关键节点海绵设施布局及结构示意图

各汇水分区调蓄容积计算表 表2-19

汇水分区	建筑（m²）	绿地（m²）	透水路面（m²）	不透水路面（m²）	水面（m²）	面积（m²）	综合雨量径流系数	设计降雨量（mm）	设计径流控制量（m³）	实际调蓄容积（m³）	控制降雨量（mm）	年径流总量控制率
1	682.92	1264.6	0	1189.3	0	3136.82	0.57	24	42.75	55.20	30.99	79.1%
2	0	2367.1	191.99	168.63	0	2727.72	0.20	24	13.11	14.00	25.62	74.2%
3	628.93	1589.8	528.00	1239.05	299.82	4285.60	0.53	24	54.19	52.00	23.03	70.0%
4	839.22	435.91	837.06	267.72	0	2379.91	0.51	24	29.17	33.00	27.15	75.9%
5	686.28	549.68	1852.89	157.54	0	3246.39	0.39	24	30.31	30.00	23.75	70.5%
合计	2837.35	6207.09	3409.94	3022.24	0	15476.62	0.44	24	162.34	184.20	27.23	75.0%

根据量化计算结果，项目的年径流总量控制率为75.0%，可以实现控制目标要求。

对项目中各类调蓄设施的排空时间按照以下公式进行计算。计算可得，项目内的各类设施的排空时间均低于24h。

$$T_s = V_{sj}/3600\alpha KJA_s \quad (2-3)$$

式中 T_s——渗透时间（h）；

V_{sj}——设施的设计有效调蓄容积（m³）；

α——综合安全系数，一般取0.5~0.8；

K——土壤渗透系数（m/s），本工程取3.7×10^{-6}m/s；

J——水力坡降，一般可取$J=1$；

A_s——有效渗透面积（m²）。

教育局大院海绵设施排空时间计算表见表2-20。

教育局大院海绵设施排空时间计算表 表2-20

序号	设施	调蓄水深（m）	综合安全系数	排空时间（h）	备注
1	1号生物滞留设施	0.2	0.7	21.45	<24h
2	2号生物滞留设施	0.2	0.7	21.45	<24h
3	3号生物滞留设施	0.2	0.7	21.45	<24h
4	4号生物滞留设施	0.2	0.7	21.45	<24h
5	5号生物滞留设施	0.2	0.7	21.45	<24h
6	6号生物滞留设施	0.2	0.7	21.45	<24h

（4）特色做法

1）雨水花园自循环渗蓄结构（图2-83）

在北方城市的海绵城市建设过程中，经常会遇到雨水花园中植物长势不佳、甚至长势颓败枯黄的问题。究其原因，主要是雨水花园中的透水层为碎石，在地下形成了一层断水层，只能满足雨水快速下渗，无法满足地下水及养分自然上升补给植物生长的需要。

通过采用量产于本地的上水石碎料（孔隙率高，表面积大，毛细性强，因而保水、保肥能力、运输能力强）替代雨水花园中的部分碎石，相当于在雨水花园底部设置了一个小水库、小肥料库,营造了底部结构层面的"水文循环",下小雨时可以积蓄水分,干旱时积蓄的水分通过毛细作用向上补水,维持植物的生长。改良后的雨水花园植物长势得到明显改善。

2）防臭防倒流雨水口装置（图2-84、图2-85）

当存在雨污水管线混、错接时,雨水口会出现雨天反冒污水、晴天冒臭味等问题,影响城市的整体环境。为解决该问题,结合本项目海绵城市改造,研制了防臭、防倒流雨水口,在满足基本过水要求的前提下,有效地控制了雨天反冒污水、晴天冒臭味等问题。

3）雨落管初期雨水净化装置（图2-86、图2-87）

该装置主要用于雨落管改造,通过利用其内部的碎石可以实现初期雨水净化、消能的作用,当中后期雨水量变大时,通过侧向实现溢流排放,不影响雨落管过流能力。

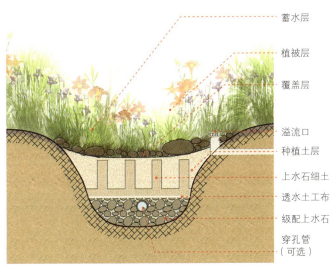

图2-83 雨水花园自循环渗蓄结构示意图

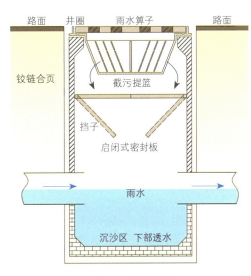

图2-84 防臭防倒流雨水口装置示意图

图2-85 防臭防倒流雨水口实景照片

图2-86 雨落管初期雨水净化装置示意图　图2-87 雨落管初期雨水净化装置实景照片

2.3.5 监测评估

（1）监测方案

为了系统评价教育局大院的海绵城市改造效果，在项目的雨水管网出口处安装2台流量计、2台浊度仪，对项目的外排水量和径流污染负荷（以SS计）进行在线监测，雨量数据采用鹤壁市海绵城市建设监管平台的数据。设施布局如图2-88、图2-89所示。

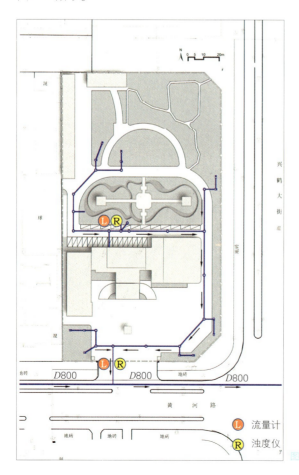

图2-88 教育局大院在线监测设施分布图

图2-89 教育局大院监测设备实景照片

（2）效果评价

采用2018年7月13日13:00~2018年7月14日13:00的降雨事件进行评估，24h累积降雨量为62.6mm（鹤壁市1年一遇24h降雨量为56.3mm）。根据流量计监测数据，当累积降雨量达到28.1mm时发生了小流量溢流，对应的年径流总量控制率为77%。根据浊度仪监测数据，大院出口的径流SS平均浓度为17.9mg/L。由于项目实施前没有径流SS浓度监测数据，采用距离最近的鹤壁市建设局径流污染数据作为改造前的参考值，其平均浓度为45.64mg/L，因此，在该降雨事件下，本项目SS削减率为61%（图2-90、图2-91）。

综上，根据典型场次降雨监测评估结果，教育局大院的径流总量控制率和径流污染削减率（以SS计）均达到了设计目标要求。

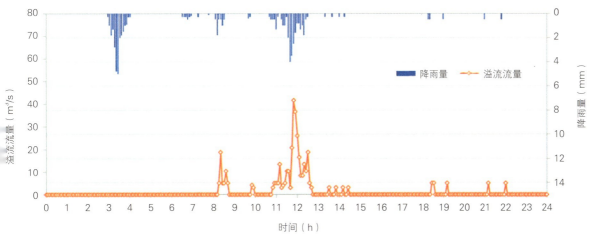

图2-90 教育局大院2018年7月13日~7月14日降雨时外排流水量变化图

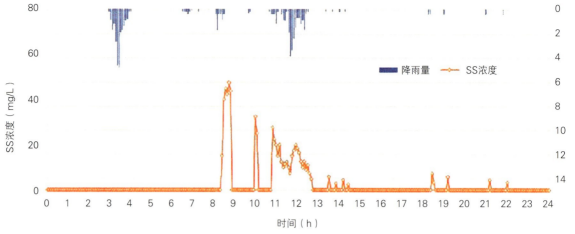

图2-91 教育局大院2018年7月13日~7月14日降雨时时外排雨水浊度变化图

2.3.6 模型模拟

(1)模型搭建

利用XP Drainage软件对本项目的建设方案进行仿真模拟，评估项目海绵建设前后在24h设计降雨及典型年间隔5min降雨条件下的雨水径流总量控制率、径流峰值削减率和径流污染（以SS计）削减效果。模拟评估的技术路线如图2-92所示。

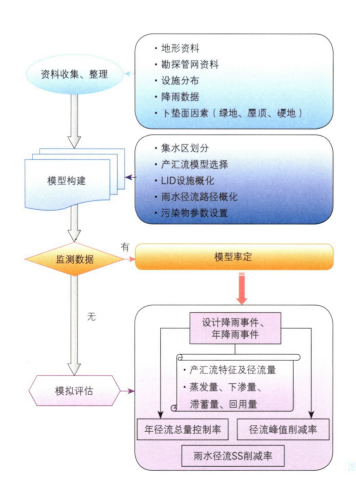

图2-92 模拟评估技术路线图

1）集水区划分及概化

综合考虑排水管网、海绵设施位置、竖向高程和下垫面种类等因素，进行集水区划分，并确定海绵设施集水区和雨水径流路径。

在模型中，将项目划分了33个集水区，总面积为1.58hm²。其中面积最大的集水区为0.2hm²，面积最小的集水区为0.002hm²，如图2-93所示。

根据各集水区的下垫面组成，获取集水区内的绿地和硬地的百分比，确定集水区的产汇流参数，包括综合CN值、初始扣损量（I_a）、汇流时间等（图2-94）。

2）管网概化

根据道路管网资料，进行雨水排水管网的概化，共计32个节点，72个连接管段（包括溢流通道）（图2-95）。

3）径流路径概化

径流路径包括集水区与海绵设施间、海绵设施与海绵设施间、海绵设施与排水管网间等类型。其中海绵设施与排水管网间又可以分为海绵设施正常出流至排水管网和海绵设施溢流至路面再至排水管网两种形式。模型概化如图2-96所示。

（2）参数率定

利用实测降雨数据，进行模型率定，调整集水区产汇流参数及海绵设施的参数。对2018年4月21日、2018年6月25日两侧实测降雨分别进行监测流量和模拟流量的对比分析。

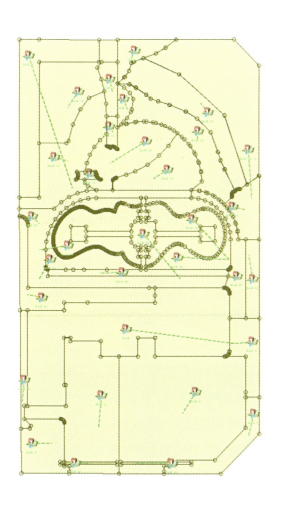

图2-93 集水区划分示意图

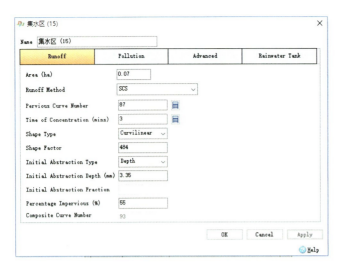

图2-94 集水区产汇流模型典型参数

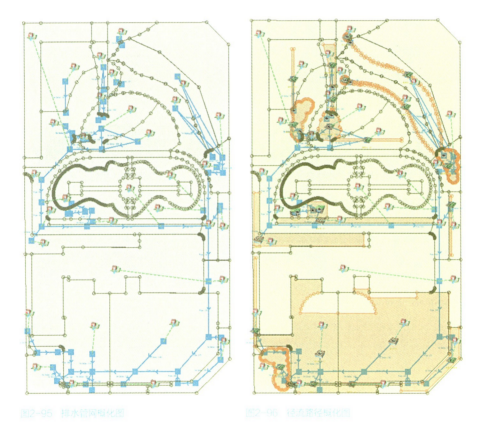

图2-95 排水管网概化图　　图2-96 径流路径概化图

2018年4月21日的降雨量、监测流量与模拟出流量过程线如图2-97所示。

此时，计算模拟流量和监测流量的NSE值仅为0.08。通过进一步分析，在21日18:05～19:05时段，并无降雨，但仍有监测流量数据，可能为监测误差，需对这两段监测数据进行合理调整。对18:05～19:05的监测流量数据调整，延用19:05后的流量数据（即4.741L/s）（图2-98）。

调整后的监测流量数据与模拟出流量对比如图2-99所示。计算此时调整后的监测流量过程线和模拟出流量的NSE值为0.51，模拟结果可信。

2018年6月25日的降雨量、监测流量与模拟出流量过程线如图2-100所示，此时的监测流量与模拟出流量的NSE为0.76，模拟效果较好，可信度高。

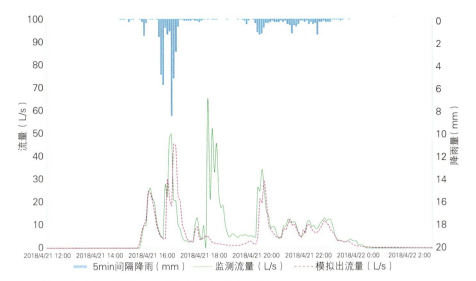

图2-97 2018年4月21日降雨、监测流量、模拟出流量过程线

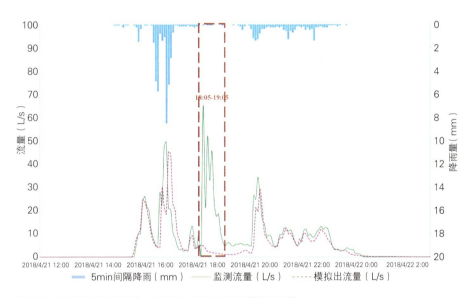

图2-98 2018年4月21日降雨、监测流量、模拟出流量过程线分析图

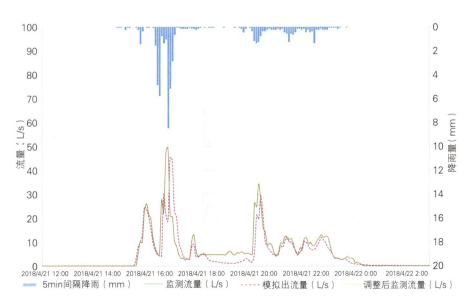

图2-99 2018年4月21日降雨的监测流量、模拟出流量过程线分析图（调整后）

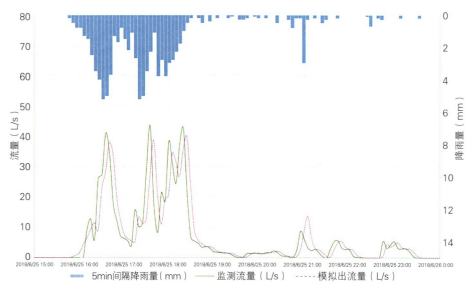

图2-100 2018年6月25日降雨、监测流量、模拟出流量过程线

综上，通过调试和调整，两场降雨的NSE值分别达到0.51和0.76，表明此次模拟结果可信度较高，率定后的模型产流参数如表2-21所示，各集水区产流CN值分布如图2-101所示。

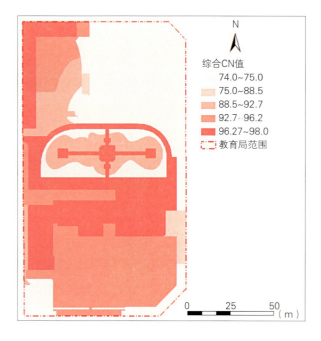

图2-101 各集水区CN值分布图

集水区参数一览表　　　　表2-21

序号	参数	硬地	绿地
1	径流曲线值CN	98	74
2	初损雨量I_a（mm）	2	5

模型率定后的各类型海绵设施的垫层参数如表2-22所示。

LID设施下渗参数列表 表2-22

设施类别	下渗参数			
	名称	厚度（mm）	孔隙率（%）	下渗率（m/h）
透水沥青	—	—	25	2
透水砖	—	—	25	2
雨水花园	种植土	300	5	0.036
植草沟	种植土	300	5	0.036
生物滞留设施	种植土	400	5	0.036
	天然砂砾层	200	15	2
	碎石层	300	25	5

注：表2-21设施基层土下渗率采用项目原土渗透系数。

（3）模拟结果

模型搭建、率定后，分别运行24h设计降雨和2011年间隔5min实测降雨数据进行模拟计算，统计分析结果如下。

1）设计降雨模拟

模拟1年一遇24h降雨（56.3mm）条件下项目的年径流总量控制效果和峰值削减效果，海绵建设前后出流过程线如图2-102所示。

模拟结果显示，当项目遭遇1年一遇24h降雨（56.3mm）时，年径流总量控制率为67.0%，径流峰值削减率为46.7%（表2-23）。

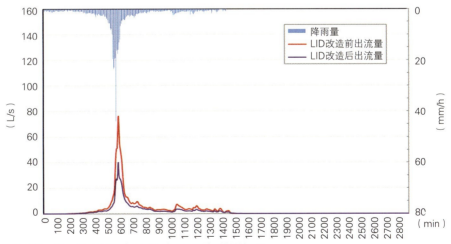

图2-102 1年一遇24h降雨（56.3mm）条件下模型模拟结果图

24h设计降雨下模型模拟结果表 表2-23

24h设计降雨	状态	降雨量（mm）	面积×降雨（m³）	出流峰值（L/s）	系统外排量（m³）	不外排径流量比例	峰值削减率
1年一遇24h降雨量	建设前	56.3	890.1	76.2	491.6	44.8%	46.7%
	建设后	56.3	890.1	40.6	293.9	67.0%	

2）典型年降雨模拟

在2011年间隔5min降雨数据下的模拟结果表明，项目的总外排水量为2672.1m³，年径流总量控制率为76.1%，满足设计目标的要求，如图2-103所示。

模拟2011年间隔5min降雨条件下全年雨水径流SS削减效果，结果如图2-104所示。根据模拟结果，项目年SS削减率为55.1%，实现设计目标要求。

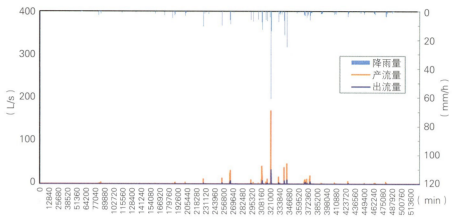

图2-103　2011年降雨条件下产流、出流过程线

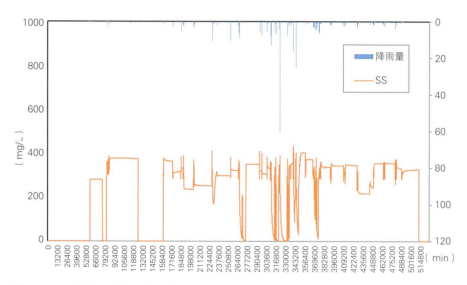

图2-104　2011年降雨条件下SS出流过程线

2.3.7　建设成效

（1）项目投资

鹤壁市教育局大院海绵城市改造项目的工程总投资为250万元，单位面积建设用地的海绵城市建设投资约为158元，详见表2-24。

项目投资详表　　　　　　　　　　　　　　　　　　　　　　　　　　　　　　　表2-24

序号	名称	数量	单位	单价（元）	总价（万元）
1	旱溪	300	m²	230	6.900
2	复杂型生物滞留设施	524	m²	110	5.764
3	雨水花园	16	m²	300	0.480
4	雨水调蓄池	120	m³	2100	30.870
5	透水铺装	6100	m²	320	195.200
6	HDPE塑料管	500	m	240	10.800
7	合计	—	—	—	250.014

（2）直观效果

本项目的海绵城市改造以问题为导向，通过合理的雨水组织和技术创新，实现了雨水控制、绿地浇洒、涵养地下水等多重效益。

同时，将海绵城市建设与景观提升有效融合，工程建设完成后，建设局的整体环境和景观效果得到显著改善（图2-105~图2-112）。

图2-105　改造后实景照片（一）

图2-106　改造后实景照片（二）

图2-107　改造后实景照片（三）

图2-108　改造后实景照片（四）

图2-109　改造后实景照片（五）

图2-110　改造后实景照片（六）

图2-111 改造后雨水流向示意图

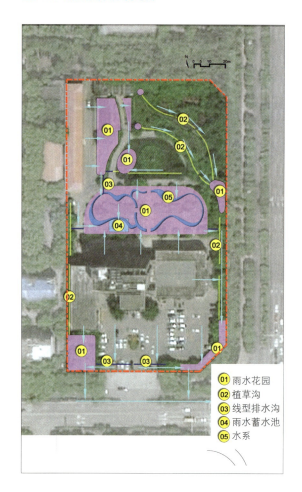

图2-112 改造后海绵设施总体布局图

（3）借鉴意义

本项目创新地采用了雨水花园自循环渗蓄结构、防臭防倒流雨水口装置、雨落管初期雨水净化装置等特色技术，在解决了现有问题的基础上，降低了工程投资，提升了海绵改造效果。

此外，在老旧小区海绵改造中，通过路面"白改黑"、景观统筹与提升等措施，实现小区人居环境的大幅提升。

第3章

市政道路：不仅仅是"透水铺装"

3.1
淇滨大道海绵城市改造

3.1.1 项目概况

淇滨大道位于海绵城市试点区的护城河北部片区，市政府北侧，是一条东西走向的城市迎宾大道。淇滨大道海绵城市改造范围西起太行路、东至大伾路，同时包含了其支路楝花巷，总长度1876.5m（图3-1）。

图3-1 项目区位图

淇滨大道的红线宽度为62m，道路两侧建筑的退让距离为5m。整体上沥青路面占54.94%，人行道占12.90%，绿化带占32.26%，通过加权平均计算，项目现状综合雨量径流系数为0.62，如图3-2、表3-1、图3-3所示。

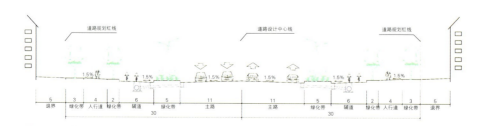

图3-2 现状横断面图

项目典型断面下垫面分析表　　　　　　　　　　　　　　　　　　　　　　　　　表3-1

下垫面类型	宽度（m）	比例	雨量径流系数
绿地	20	32.26%	0.15
人行道	8	12.90%	0.85
路面	34	54.84%	0.85
合计	62	100%	0.62

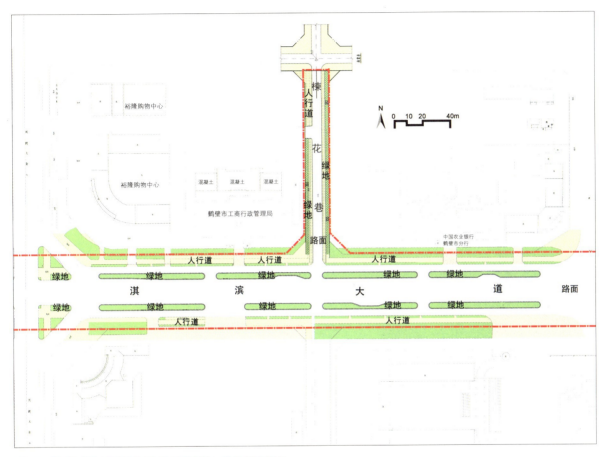

图3-3　项目用地现状与下垫面分析图（兴鹤大街—市政府北门段）

淇滨大道整体上较为平缓，道路西侧分别从太行路和兴鹤大街坡向棉丰渠，坡度2.5‰左右，道路东侧自兴鹤大街坡向大伾路，坡度2.8‰左右。现状排水体制为雨污分流制，降雨径流经雨水管道（$D600 \sim D1000$）收集后在排入棉丰渠和护城河（图3-4）。

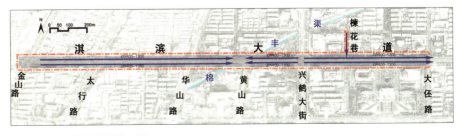

图3-4　项目现状雨水管网分布图

3.1.2 问题需求

（1）主路为城市景观路，难以进行大幅改造

淇滨大道位于鹤壁市政府北侧，是主城区重要的景观大道，现状道路及绿化景观效果较好，难以进行大幅改造。但由于车流量大，道路产生的径流污染较为严重，亟需控制。

（2）支路为破旧小街巷，景观效果亟待提升

淇滨大道的支路楝花巷现状路面破损、植被枯死现象较为严重，景观效果较差，亟需结合海绵城市改造提升其景观效果。

（3）区域污染问题突出，导致受纳水体黑臭

项目位于护城河北部片区，城市面源污染缺少有效的控制措施，整体上区域污染问题突出，导致受纳水体护城河为黑臭水体。

图3-5、图3-6为淇滨大道改造前实景照片。

图3-5　淇滨大道改造前实景照片（一）

图3-6　淇滨大道改造前实景照片（二）

3.1.3 建设目标

（1）设计目标

根据《鹤壁市海绵城市试点区系统化方案》，淇滨大道海绵城市建设的设计目标指标如下：

径流总量控制目标：年径流总量控制率为70%，对应的设计降雨量为23mm。

径流污染控制目标：年SS削减率不低于45%。

（2）设计原则

问题导向。以问题为导向，重点解决项目的现有问题。通过海绵化设施的建设，实现降雨径流污染的控制。结合海绵城市建设，系统提升现状破旧小巷的整体景观效果。

分类施策。针对主路现状景观效果好的特点，采用结合雨水口布局设置微影响改造措施，降低对道路现状景观的干扰。针对支路现状破损老旧的特点，将海绵城市改造与景观提升有机融合，提升支路的景观效果。

因地制宜。结合项目条件，科学选用适宜的雨水控制设施，并根据需求进行技术优化；甄选适宜本地气候特征的植物种类进行配置；合理利用地形、管网条件，充分发挥绿色雨水设施、管网等不同设施的耦合功能。

技术创新。针对本地气候和水文地质特征，结合道路的实际问题，对雨水控制与利用设施进行创新和优化，提高可实施性，降低建设及后期运行维护成本。

3.1.4 建设方案

（1）技术路线（图3-7）

根据上位规划的要求，分析现状水文地质特征和建设情况，确定项目的设计目标与指标。通过竖向分析和汇水分区划分，实现雨水的合理组织，以汇水分区为单位，分别确定各个汇水区的海绵设施。

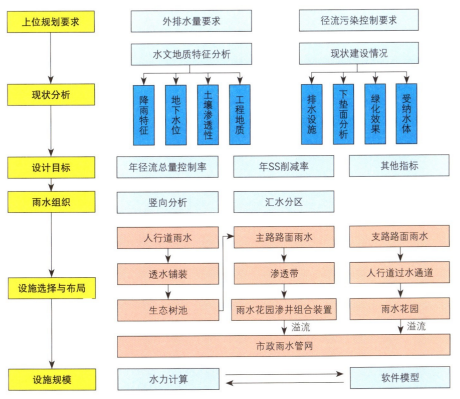

图3-7 项目技术路线图

人行道改造为透水铺装，其产生的雨水先通过透水铺装下渗，产生径流后排入生态树池，多余雨水排入道路路面。机动车道和非机动车道产生的初期径流通过渗透带下渗，起到初期雨水径流污染削减作用，中后期雨水排入结合雨水口布局建设的雨水花园—渗井组合装置，实现雨水的控制和消纳。支路路面通过"白改黑"对路面进行修复，产生的径流通过人行道下的过水通道排入两侧建设的生物滞留带予以控制。雨水花园—渗井组合装置、生物滞留带内设置溢流口，雨水收满之后通过溢流口排入市政管网。

采用水力计算和软件模拟两种方式，对设施规模进行测算，量化评估项目建设效果。

（2）设计参数

1）体积控制

体积控制时针对年径流总量控制率对应的设计降雨量。本项目年径流总量控制率70%对应的设计降雨量为23mm。在小于该设计降雨条件下，通过各类雨水设施的共同作用，达到设计降雨控制要求（图3-8）。

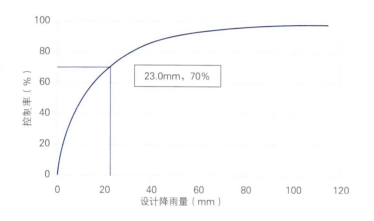

图3-8 项目径流总量控制率与设计降雨量对应关系

2）流量控制

本案例中流量控制是指特定重现期和历时的降雨条件下，区域雨水径流能够通过雨水管渠得到有效排除。设计暴雨强度q按鹤壁市暴雨强度公式和相关参数计算。

3）径流系数

径流系数包括雨量径流系数和流量径流系数，雨量径流系数主要用于体积控制的计算，流量径流系数用于流量控制的计算。根据《鹤壁市海绵城市建设项目设计说明提纲暨设计指引》，项目中不同下垫面的雨量径流系数、流量径流系数取值如表3-2所示。

不同下垫面径流系数统计表　　　　　　　　　　　　　　　　　　　　表3-2

序号	下垫面类型	雨量径流系数ϕ	流量径流系数ψ
1	不透水路面	0.85	0.90
2	绿地	0.15	0.15
3	透水路面	0.25	0.30

（3）总体方案

1）汇水分区

为保障设计的各类雨水设施高效发挥控制作用，结合道路坡向以及雨水管渠布局，将项目划分为3个汇水分区，如图3-9所示。人行道改造为透水铺装后，各汇水分区的面积、综合雨量径流系数如表3-3所示。

图3-9 汇水分区图

汇水分区下垫面情况统计表　　　　　　　　　　　　　　　　　　　　　　　表3-3

汇水分区	绿地宽度（m）	透水路面宽度（m）	不透水路面宽度（m）	长度（m）	面积（m²）	综合雨量径流系数
1	20	8	34	840.00	52080.00	0.55
2	20	8	34	320.00	19840.00	0.55
3	20	8	34	716.50	44423.00	0.55
合计	20	8	34	1876.50	116343.00	0.55

2）设施选择

通过现状问题分析和场地分析，结合淇滨大道实际情况，适用于本项目的海绵设施和做法主要有雨水花园、渗井、透水铺装、渗透带、溢流井截污挂篮等。

雨水花园。雨水花园指在合适区域通过植物、土壤和微生物系统蓄渗、净化径流雨水的设施。雨水花园结构示意图如图3-10所示，包括树皮覆盖层、换土层和砾石层等，总厚度约0.8m。

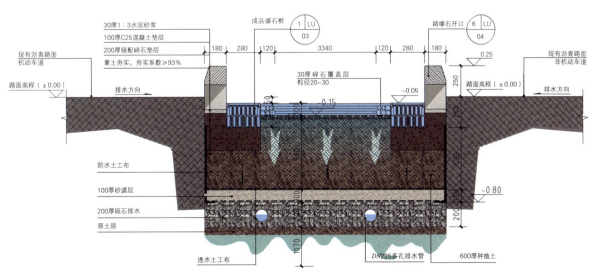

图3-10 雨水花园结构示意图

如图3-11，渗井。渗井底部采用级配碎石，粒径为30~50mm。两侧通过布设渗管提升调蓄空间，渗管采用$D1200$水泥管，管长根据现场实际情况调整，总长度不小于8m。渗井的容积不小于15m³。

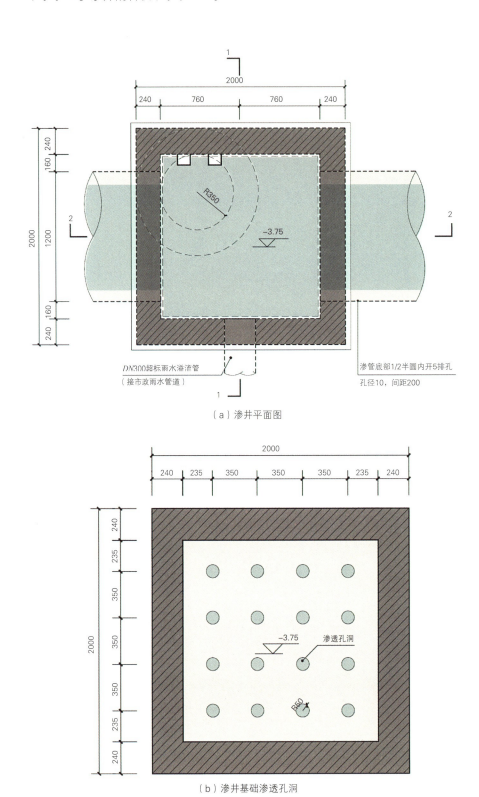

(a) 渗井平面图

(b) 渗井基础渗透孔洞

图3-11 渗井结构示意图

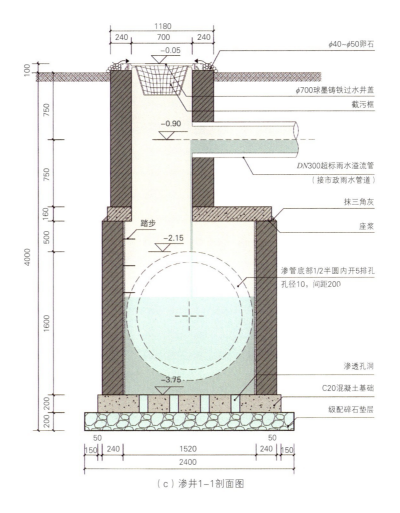

(c) 渗井1-1剖面图

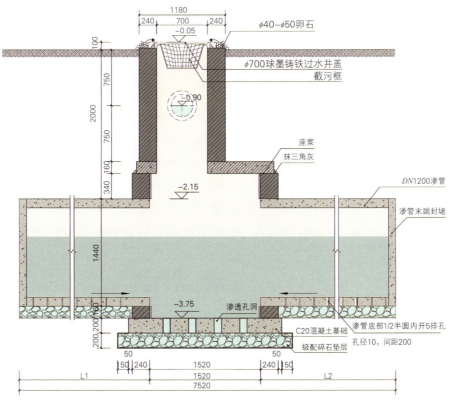

(d) 渗井2-2剖面图

图3-11 渗井结构示意图（续）

透水铺装。结合道路承载需求，在项目中采用的透水铺装主要包括两种形式：

路面采用透水沥青铺装，具体建设方式为60mm透水沥青混凝土+100mmC20（粒径5～12mm）透水水泥混凝土+150mm砾石（5～25mm粒径）垫层夯实+素土夯实层（图3-12）。

人行道采用透水砖铺装，具体建设方式为60mm透水砖+30mm中砂缓冲层+200mm压实级配砂石基层+60mm中砂垫层+素土夯实（图3-13）。

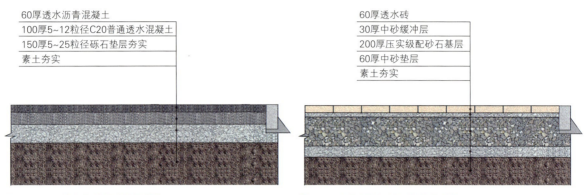

图3-12　路面透水沥青铺装结构示意图　　　　图3-13　人行道透水砖铺装结构示意图

渗透带。在绿化带四周，结合路缘石更新改造，对现状路肩进行切除，形成宽0.9m、高0.65m的渗透带，孔隙率约30%，起到下渗、净化初期雨水的作用（图3-14）。

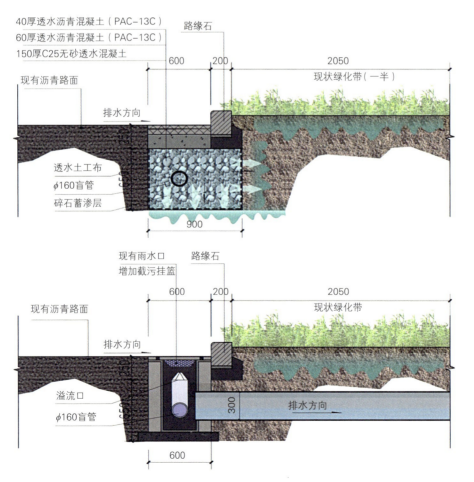

图3-14　渗透带结构示意图

图3-15 截污挂篮实景照片

溢流井截污挂篮。雨水井容易被淤泥、树叶、垃圾堵塞，通过清淤疏通，在雨水花园溢流上增设截污挂篮，以去除城市降雨径流中的垃圾、尘土等悬浮污染物质（图3-15）。

3）总体布局（图3-16~图3-20）

在淇滨大道的改造中：将人行道改造为透水铺装，现状树池改造为生态树池，人行道其产生的雨水先通过透水铺装下渗，产生径流后排入生态树池，多余雨水排入道路路面。机动车道和非机动车道产生的初期径流通过渗透带下渗，中后期雨水排入结合雨水口布局建设的雨水花园—渗井组合装置，实现雨水的控制和消纳。支路路面。雨水花园—渗井组合装置内设置溢流口，雨水收满之后通过溢流口排入市政管网。

在楝花巷的改造中：将人行道改造为透水铺装，现状树池改造为生态树池，人行道其产生的雨水先通过透水铺装下渗，产生径流后排入生态树池，多余雨水排入道路路面。路面通过"白改黑"对路面进行修复，产生的径流通过人行道下的过水通道排入两侧建设的生物滞留带。生物滞留带内设置溢流口，雨水收满之后通过溢流口排入市政管网。

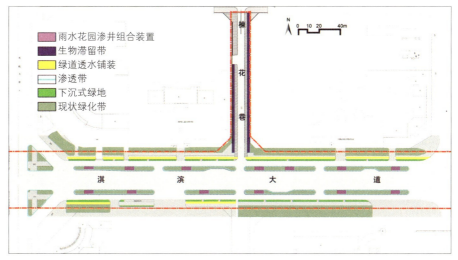

图3-16 海绵设施总体布局图（兴鹤大街—市政府北门段）

图3-17 海绵设施总体布局及雨水流向示意图

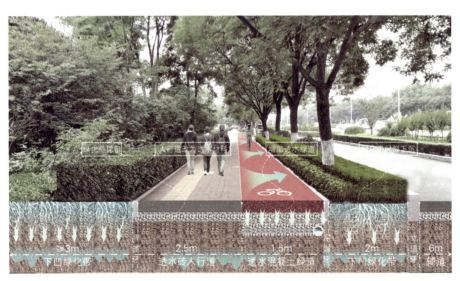

图3-18 关键节点(人行道)海绵设施布局及结构示意图

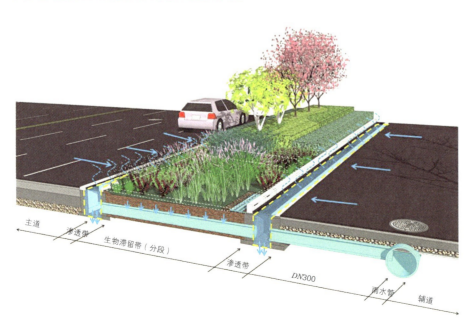

图3-19 关键节点(机非隔离带)海绵设施布局及结构示意图

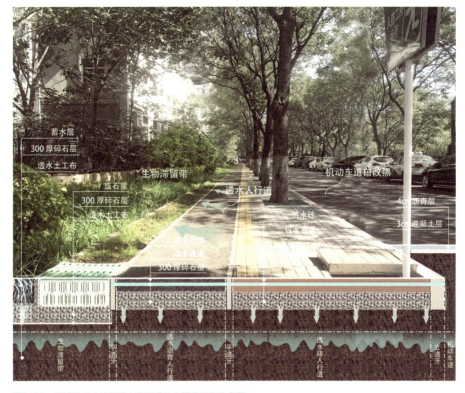

图3-20 关键节点（楝花巷）海绵设施布局及结构示意图

4）量化计算

以汇水分区为单位，按照70%年径流总量控制率对应的设计降雨量计算各个汇水分区所需要的调蓄容积。结合项目实际情况，各个汇水区的调蓄容积尽可能满足其控制要求，对于个别不能满足要求的汇水分区，通过其他汇水分区的进行协调控制，实现加权平均达标。计算过程如表3-4所示。

各汇水分区调蓄容积计算表　　　　　　　　　　　　　　　　　　　　　　　　　　　　　　　　　　　　　　　表3-4

汇水分区	绿地宽度（m）	透水路面宽度（m）	不透水路面宽度（m）	长度（m）	面积（m²）	综合雨量径流系数	设计降雨量（mm）	设计径流控制量（m³）	实际调蓄容积（m³）	控制降雨量（mm）	年径流总量控制率
1	20	8	34	840.00	52080.00	0.55	23	654.95	730.80	25.66	73.1%
2	20	8	34	320.00	19840.00	0.55	23	249.50	284.40	26.22	74.9%
3	20	8	34	716.50	44423.00	0.55	23	558.66	621.70	25.60	72.9%
合计	20	8	34	1876.50	116343.00	0.55	23	1463.11	1636.90	25.73	73.3%

根据量化计算结果，项目的年径流总量控制率为73.3%，可以实现控制目标要求。

（4）特色做法

本项目结合淇滨大道实际情况，为尽可能降低对现状道路的影响，创新性地采取雨水花园—渗井组合装置（图3-21）。机动车道和非机动车道产生的初期径流通过渗透带下渗，起到初期雨水径流污染削减作用，中后期雨水排入结合雨水口布局建设的雨水花园—渗井组合装置，雨水花园收满后，降雨径流通过溢流口排入渗井中，通过渗井的调蓄空间，满足雨水控制任务，降低对现状绿化的影响。

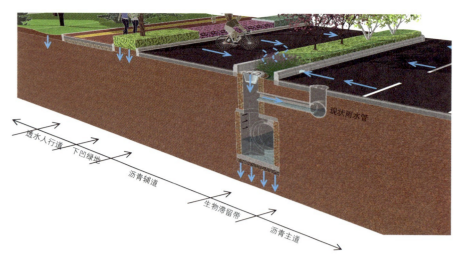

图3-21 雨水花园—渗井组合装置结构示意图

3.1.5 建设成效

(1) 项目投资

淇滨大道(含棣花巷)海绵城市改造项目的工程总投资为855.9万元,单位长度道路的海绵城市建设投资约为4561元,详见表3-5。

项目投资详表 表3-5

序号	名称	数量	单位	单价(元)	总价(万元)
1	渗透带	5695	m²	480	273.360
2	生物滞留带	1220	m²	360	43.920
3	下凹绿地	7232	m²	80	57.856
4	道牙更换	9040	m	220	198.880
5	雨水截污挂篮	235	个	980	23.030
6	雨水口更新	100	个	1200	12.000
7	透水绿道	5424	m²	280	151.872
8	绿化种植	1200	m²	500	60.000
9	附属工程	1220	项	350000	35.000
10	合计	—	—	—	855.918

(2) 直观效果

本项目的海绵城市改造以问题为导向,通过合理的雨水组织和技术创新,在将对主干路现状景观影响降到最低的前提下,实现了雨水控制、径流污染控制、涵养地下水等多重效益。

同时,在支路的改造中,将海绵城市建设与景观提升有效融合,工程建设完成后,整体环境和景观效果得到显著改善(图3-22~图3-33)。

图3-22 改造后实景照片(一)

图3-23 改造后实景照片(二)

图3-24 改造后实景照片(三)

图3-25 改造后实景照片(四)

图3-26 改造后实景照片(五)

图3-27 改造后实景照片(六)

图3-28 雨水流向示意图

图3-29 改造后实景照片（七）

图3-30 改造后实景照片（八）

图3-31 改造后实景照片（九）

图3-32 改造后实景照片（十）

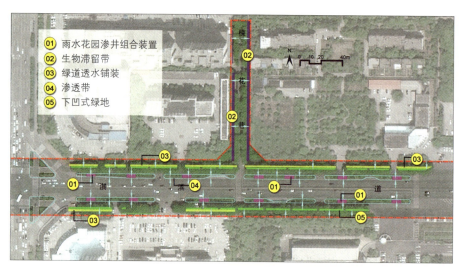
图3-33 改造后海绵设施总体布局图

（3）达标分析

利用XP Drainage低影响开发模拟软件对本项目的建设方案进行仿真模拟，评估项目海绵建设前后在24h设计降雨及典型年间隔5min降雨条件下的雨水径流总量控制率、径流峰值削减率和径流污染（以SS计）削减效果。模拟评估的技术路线如图3-34所示。

模型搭建后，对参数进行率定，并分别运行24h设计降雨和2011年间隔5min实测降雨数据模拟，统计分析结果如下。

1）设计降雨模拟

模拟1年一遇24h降雨（56.3mm）条件下项目的年径流总量控制效果和峰值削减效果，如表3-6所示。海绵建设前后出流过程线如图3-35所示。

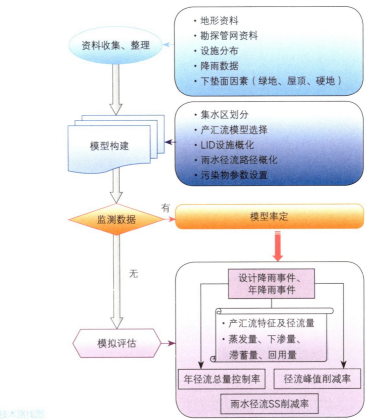

图3-34 模拟评估技术路线图

24h设计降雨下模型模拟结果表　　　　　　　　　　　　　　　　　　　　　　表3-6

24h设计降雨	状态	降雨量（mm）	面积×降雨（m³）	出流峰值（L/s）	系统外排量（m³）	不外排径流量比例	峰值削减率
1年一遇24h降雨量	建设前	56.3	1064.1	156.0	794.1	25.4%	46.5%
	建设后	56.3	1064.1	83.5	375.1	64.7%	

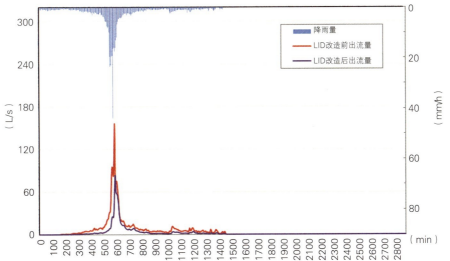

图3-35 1年一遇24h降雨（56.3mm）条件下模型模拟结果图

模拟结果显示,当项目遭遇1年一遇24h降雨(56.3mm)时,年径流总量控制率为64.7%,径流峰值削减率为46.5%。

2)典型年降雨模拟

在2011年间隔5min降雨数据下的模拟结果表明,项目的总外排水量为4766.9m³,年径流总量控制率为70.8%,满足设计目标的要求,如图3-36所示。

全年雨水径流SS削减率模拟结果如图3-37所示。根据模拟结果,年SS削减率为45.4%,达到设计目标要求。

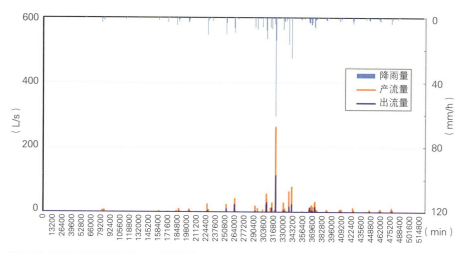

图3-36 2011年降雨条件下产流、出流过程线

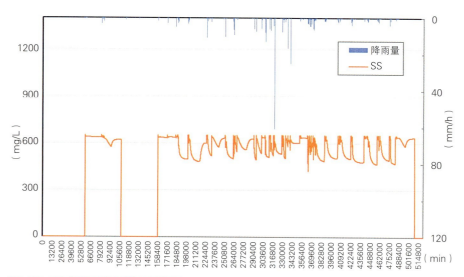

图3-37 2011年降雨条件下SS出流过程线

(4)借鉴意义

本项目充分考虑了主路和支路的现状建设情况,针对景观效果好的主路采用结合雨水口布局的微改造,既实现了海绵功能,又降低了对现状景观的影响;针对现状破旧老化严重的支路采用综合改造的形式,将海绵改造与景观提升有机融合,既实现了海绵功能,又提升了道路景观效果。该道路的改造方式对于城市道路海绵化改造类项目具有较强的借鉴意义。

第4章

公园绿地：将海绵"藏"入景观

4.1 桃园公园海绵城市建设

4.1.1 项目概况

鹤壁市桃园公园位于海绵城市试点区的护城河南部片区,西起兴鹤大街,东至华夏南路,南到朝歌路,北临鹤壁旅游综合体,总占地面积为10.8hm²,始建于2015年,建成于2016年,为新建公园绿地类项目(图4-1)。

图4-1 项目区位图

桃园公园内除主次入口广场、停车场、活动场所、园区道路及配套建筑等硬化面积外,其余均为绿地,绿地率约为70%。公园建设前内部有1条小水系自东北至西南贯穿整个公园,水面面积1.14hm²。通过加权平均计算,采用传统建设模式时,项目总平面图如图4-2。项目综合雨量径流系数为0.38,如表4-1所示。

图4-2 项目总平面图

项目下垫面分析表   表4-1

下垫面类型	面积（m²）	比例	雨量径流系数
绿地	74506	68.98%	0.15
建筑	1006.8	0.93%	0.85
透水路面	21101	19.53%	0.25
水面	11403	10.56	1.00
合计	108016.8	100.0%	0.38

公园内地势较为平坦，竖向高程介于80.1~85.5m，整体上四周高、中间低。公园西侧兴鹤大街、南侧朝歌路均修建了市政管道，为雨污分流制，雨水管道的规格为$D800~D1200$，竖向分析图见图4-3。

图4-3 竖向分析图

4.1.2 问题需求

（1）园内有规划水系穿过，需保留水系自然通道

公园开发建设前内部有1条小水系自东北至西南贯穿整个公园，并连接上下游两条城市内河，水面面积1.14hm²。根据《鹤壁市城市总体规划》，二支渠南延将从桃园公园穿过并最终汇入护城河。因此，项目建设中，需要充分保留和保护水系的自然通道。

（2）周边项目建成时间短，需协调海绵控制任务

桃园公园东侧为高铁广场，北侧为旅游综合体。两个项目均建设时间较短，且内部海绵设施建设空间较少，需通过桃园公园协调其雨水控制任务，协调区域的面积约为5hm²。

（3）新建公园绿地类项目，需全面落实海绵要求

桃园公园为新建公园绿地类项目，需全面落实海绵城市建设要求，以目标为导向，满足海绵城市控制指标要求，实现雨水的"自然积存、自然渗透、自然净化"。

（4）定位为海绵科普基地，需全面展示海绵理念

桃园公园定位为鹤壁海绵城市室外科普实践基地，公园建设过程中，需要全面落实海绵城市建设理念，采用多种类型的海绵设施，以起到科普作用。同时，需考虑在合适区域建设海绵科普馆，展示不同类型海绵设施的原理。

4.1.3 建设目标

（1）设计目标

根据《鹤壁市海绵城市试点区系统化方案》，桃园公园海绵城市建设的设计目标指标如下：

年径流总量控制目标：年径流总量控制率为80%，对应的设计降雨量为32mm。

径流污染控制目标：年SS削减率不低于55%。

协调控制目标：协调解决其北侧旅游综合体、东侧高铁广场约5hm²场地的雨水控制任务。

其他目标：鹤壁海绵城市室外科普实践基地。尽可能采用多种类型的海绵设施，起到科普和推广作用。

（2）设计原则

目标导向。以目标为导向，全面落实海绵城市理念，通过采用渗、滞、蓄、净、用、排等工程措施，实现年径流总量控制、年SS削减等设计目标，实现雨水的"自然积存、自然渗透、自然净化"。

分区控制。充分利用场地的地形坡向，在竖向分析的基础上，划分汇水分区，通过合理的雨水组织，以汇水分区为单位设置针对性的雨水控制与利用设施。

遵循自然。根据鹤壁市的降雨规律以及项目所在区域的土壤渗透性、用水特征、地下水埋深、竖向变化等特征，在充分尊重场地现状竖向变化特征的基础上，将海绵设施与景观相融合，不改变雨水整体排放方向和出路；低影响开发设施内的植物选择适宜本地区的乡土植物。

4.1.4 建设方案

（1）技术路线（图4-4）

根据上位规划的要求，分析现状水文地质特征和建设情况，确定项目的设计目标与指标。通过竖向分析和汇水分区划分，实现雨水的合理组织，以汇水分区为单位，分别确定各个汇水区的海绵设施。

屋面雨水通过外排水形式排入路面，路面采用透水铺装；当透水铺装产生径流时，进入两侧的植草沟/旱溪，并最终导流至雨水花园中；绿地内的雨水利用自然地势变化或通过植草沟/旱溪汇入雨水花园中；协调地块的雨水通过雨水管引至雨水调蓄池，并最终用于绿地浇洒；雨水花园和调蓄池设置溢流管道，溢流的雨水排入中央水系，整个项目产生的雨水不排入市政管网。

采用水力计算和软件模拟两种方式，对设施规模进行测算，量化评估项目建设效果。

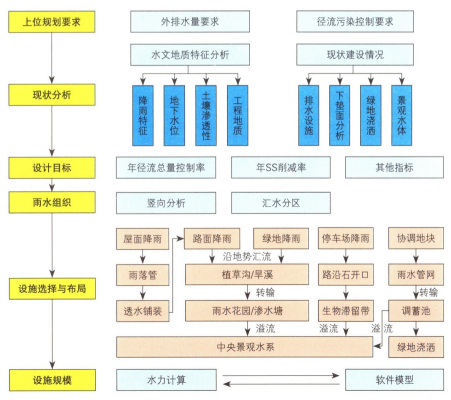

图4-4 项目技术路线图

（2）设计参数

1）体积控制

体积控制是针对年径流总量控制率对应的设计降雨量。本项目年径流总量控制率80%对应的设计降雨量为32mm。在小于该设计降雨条件下，通过各类雨水设施的共同作用，达到设计降雨控制要求（图4-5）。

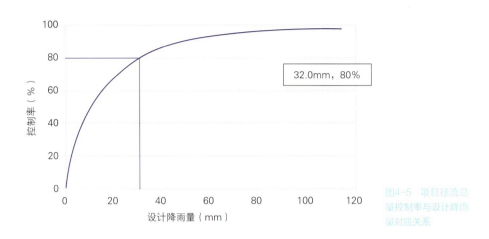

图4-5 项目径流总量控制率与设计降雨量对应关系

2）流量控制

本案例中流量控制是指特定重现期和历时的降雨条件下，区域雨水径流能够通过雨水管渠得到有效排除。设计暴雨强度q按鹤壁市暴雨强度公式和相关参数计算。

3）径流系数

径流系数包括雨量径流系数和流量径流系数，雨量径流系数主要用于体积控制的计算，流量径流系数用于流量控制的计算。根据《鹤壁市海绵城市建设项目设计说明提纲暨设计指引》，项目中不同下垫面的雨量径流系数、流量径流系数取值如表4-2所示。

不同下垫面径流系数统计表　　　　　　　　　　　　　　　　　　　　　表4-2

序号	下垫面类型	雨量径流系数ϕ	流量径流系数ψ
1	建筑	0.85	0.90
2	不透水路面	0.85	0.90
3	绿地	0.15	0.15
4	透水路面	0.25	0.30
5	水面	1.00	1.00

（3）总体方案

1）汇水分区

本项目总体上四周高、中间低，根据场地竖向变化和海绵设施的潜在位置，将桃园公园划分为24个汇水分区（其中有若干汇水区细化成几个小汇水分区，总体上共有58个小汇水分区）。如图4-6、表4-3所示。

图4-6 汇水分区图

汇水分区下垫面情况统计表（单位：m） 表4-3

汇水分区	建筑	绿地	透水路面	不透水路面	水面	总面积
YM1-1	—	2372	1167	—	—	3539
YM1-2	—	950.7	1196	5	—	2151.7
YM1-3	—	1621	—	—	—	1621
YM1-4	—	1983	—	—	—	1983
YM1-5	38.4	738.3	93.3	—	—	870
YM1-6	—	750	—	—	—	750
YM1-7	80.5	815.8	436.3	—	—	1357
YM2	—	749	182	—	—	931
YM3	—	2162	413	—	—	2575
YM4	—	1249	261	—	—	1510
YM5	—	934	278	—	—	1212
YM6-1	—	685	162	3	—	850
YM6-2	301	2896.3	674.1	21.6	—	3893
YM6-3	178	372.4	121	114.6	—	786
YM7-1	—	1022	238	100	—	1360
YM7-2	—	605.3	54.7	—	—	660
YM7-3	40	1355	197	—	—	1592
YM7-4	—	572.5	51.5	—	—	624
YM8-1	—	924.6	77.4	—	—	1002
YM8-2	115	4869.1	445.9	—	—	5430
YM9-1	—	925	148	—	—	1073
YM9-2	—	929	143.8	—	—	1072.8
YM10	—	5137	999	46	—	6182
YM11	—	2885	177	100	—	3162
YM12	—	1588	68	—	—	1656
YM13-1	7.7	740.3	330	—	—	1078

续表

汇水分区	建筑	绿地	透水路面	不透水路面	水面	总面积
YM13-2	—	899.2	110.8	—	—	1010
YM14-1	—	298	59	—	—	357
YM14-2	—	1294	340	—	—	1634
YM14-3	—	928	92	—	—	1020
YM15-1	—	166	84	—	—	250
YM15-2	—	169	80	—	—	249
YM16-1	—	112	218	—	—	330
YM16-2	—	1592	282	36	—	1910
YM16-3	—	558	132	—	—	690
YM16-4	—	792	188	—	—	980
YM16-5	—	4023	—	—	—	4023
YM17	—	3095	442	100	—	3637
YM18	—	2492	256	548	—	3296
YM19	—	302	55	—	—	357
YM20-1	—	197	34	—	—	231
YM20-2	—	1476	178	—	—	1654
YM21-1	—	554	40	—	—	594
YM21-2	—	912	108	—	—	1020
YM21-3	—	996	104	—	—	1100
YM22	—	—	151	278	10414.3	10843.3
YM23-1	—	683	387	—	—	1070
YM23-2	—	1340	—	—	—	1340
YM23-3	387	2453	5584	214	—	8638
YM23-4	—	760	—	—	—	760
YM23-5	—	—	1450	—	—	1450
YM23-6	87	361	127	—	—	575
YM23-7	41	1366	133	—	—	1540
YM23-8	—	860	60	—	—	920
YM23-9	87	660	163	—	—	910
YM23-10	—	844	196	—	—	1040
YM23-11	—	640	420	—	—	1060
YM24-1	28	1349	248	—	—	1625
YM24-2	—	2708	275	—	—	2983
合计						108016.8

2）设施选择

通过现状问题分析和场地分析，结合桃园公园实际情况，适用于本项目的海绵设施和做法主要有雨水花园、透水铺装、生物滞留设施、旱溪、植草沟、渗水塘、雨水调蓄池等。

雨水花园。雨水花园指在地势较低的区域，通过植物、土壤和微生物系统蓄渗、净化径流雨水的设施。雨水花园做法示意图如图4-7所示，包括树皮覆盖层、换土层和砾石层等，总厚度约0.8m。

透水铺装。桃园公园中的透水铺装主要包括透水砖铺装和透水沥青铺装。考虑到桃园公园定位为鹤壁海绵城市科普实践基地，在透水铺装的设计和建设中，采用了多种做法，并分别采购了不同价位、不同质量的透水沥青、透水砖等，以校验其抗压能力、耐用性和透水效果。园区透水铺装结构示意图如图4-8、图4-9所示。

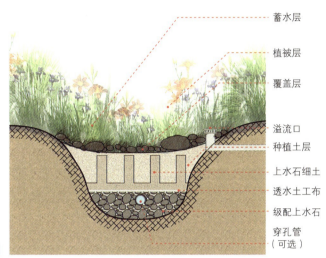

图4-7 雨水花园做法示意图

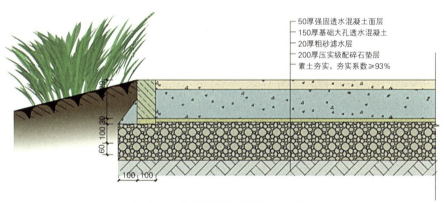

（a）5m主路水泥混凝土路面做法示意图

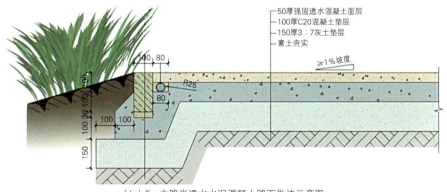

（b）5m主路半透水水泥混凝土路面做法示意图

图4-8 园路透水铺装结构示意图

（c）2m园路水泥混凝土路面做法示意图

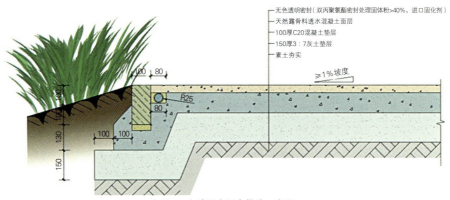

（d）5m主路透水沥青做法示意图

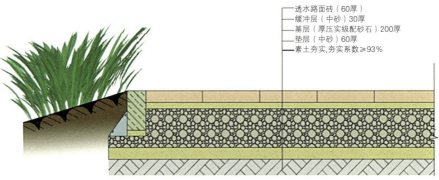

（e）2m园路透水砖做法示意图

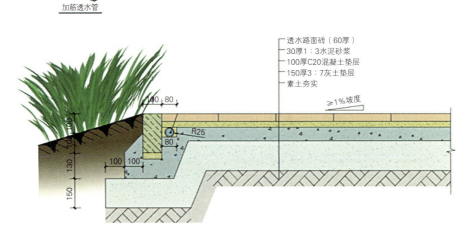

（f）2m园路透水砖半透水做法示意图

图4-8 园路透水铺装结构示意图（续）

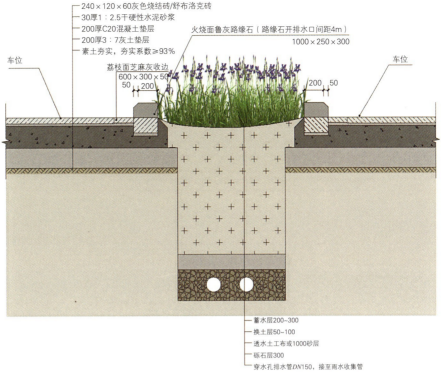

(a) 停车位生物滞留带做法（一）

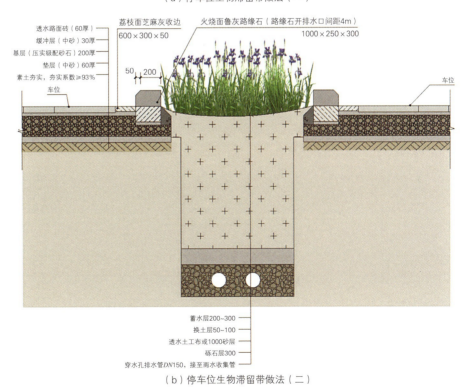

(b) 停车位生物滞留带做法（二）

图4-9 停车场透水铺装结构示意图

生物滞留带。生物滞留带主要设置于公园的两个机动车停车场的边缘绿地内，生物滞留带比硬化铺装面低20cm，溢流口低于硬化铺装面5cm，超过其调蓄能力的雨水通过溢流口溢流排放（图4-10）。

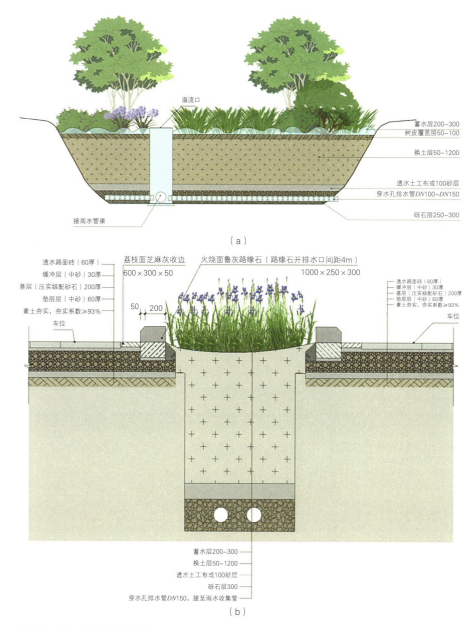

图4-10 生物滞留带结构示意图

如图4-11，旱溪。旱溪属于植草沟的一种景观化表现形式，可收集、输送和排放径流雨水，并具有一定的雨水净化作用，可用于衔接其他各单项设施。为了兼顾公园的景观效果，在公园主道路的局部位置沿主道路两侧分别建设旱溪，平时无水，降雨时转输雨水并呈现溪流的景观效果。旱溪内的石材采用天然石块和河道砾石散铺的形式，造价低廉，景观效果好，且具有雨水收集和下渗的功能。

如图4-12，植草沟。公园绿地面积所占比重较大，根据公园竖向设计和汇水区划分，在公园的广场、道路以及围墙边缘地势较平缓处设置植草沟，将收集到的雨水收集到位于末端或低点的生物滞留池、渗水塘、水系等设施内。

如图4-13，渗水塘。渗水塘是一种用于雨水下渗补充地下水的洼地，具有一定的净化雨水和削减峰值流量的作用。渗水塘内以细沙为主，在不下雨时可以作为儿童娱乐场所。

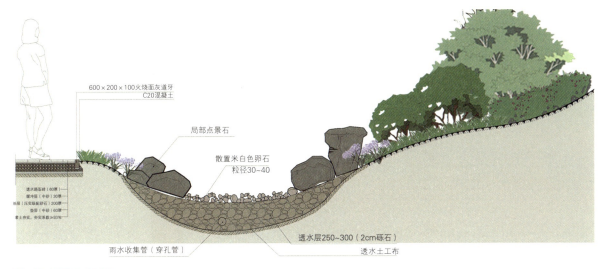

图4-11 旱溪结构示意图

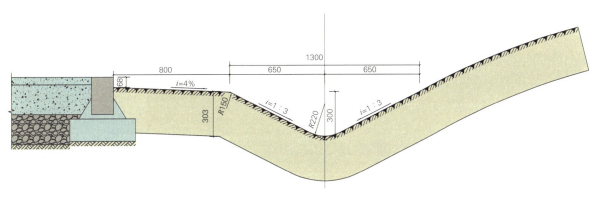

图4-12 旱溪剖面结构示意图

(a)

图4-13 渗水塘结构示意图

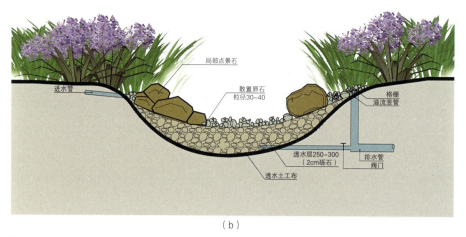

(b)

图4-13 渗水塘结构示意图（续）

如图4-14，雨水调蓄池。考虑到项目需要协调解决北侧旅游综合体和东侧高铁广场的雨水控制任务，在公园内设置3处雨水调蓄池，调蓄池采用硅砂模块结构。旅游综合体和高铁广场的雨水通过雨水管道引至雨水调蓄池，蓄存的雨水经净化后，用于绿地浇洒，实现雨水的资源化利用。

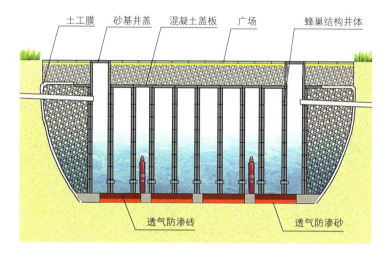

图4-14 雨水调蓄池结构示意图

3）总体布局

桃园公园所采取的海绵设施主要包括植草沟、旱溪、渗水塘、雨水花园、生物滞留带和雨水调蓄池等。植草沟、旱溪主要位于道路的边缘，通过植草沟、旱溪将汇水区内产生的降雨径流引至建设与汇水区最低点的渗水塘或雨水花园；停车场周边或间隔2个停车位建设简易型生物滞留带，分散控制其降雨径流；水系采用生态化建设形式，上游设置三处跌水，增强水体流动性和曝气量，并通过水生植物种植提升水系自净能力。超标径流通过地表满流或雨水管渠排入园内水系，并最终排至护城河。

结合北侧旅游综合体和东侧高铁广场的雨水管渠布局，在公园内设置雨水调蓄池，协调解决两个项目的雨水控制任务，收集到的雨水用于绿地浇洒、冲厕等。

综上，桃园公园内海绵设施总体布局如图4-15、图4-16所示。

图4-15　海绵设施总体布局图

图4-16　关键节点海绵设施布局及结构示意图

4）量化计算

以汇水分区为单位，按照80%年径流总量控制率对应的设计降雨量计算各个汇水分区所需要的调蓄容积。结合项目实际情况，各个汇水区的调蓄容积尽可能满足其控制要求，对于个别不能满足要求的汇水分区，通过其他汇水分区的进行协调控制，实现加权平均达标。计算过程如表4-4所示。

各汇水分区调蓄容积计算表

表4-4

汇水分区	面积（m²）	综合雨量径流系数	设计降雨量（mm）	设计径流控制量（m³）	实际调蓄容积（m³）	控制降雨量（mm）	年径流总量控制率
YM1—1	3539	0.18	32	20.72	19.43	30.01	78.79%
YM1—2	2151.7	0.21	32	14.27	70.57	158.28	97.81%
YM1—3	1621	0.15	32	7.78	7.35	30.23	78.79%
YM1—4	1983	0.15	32	9.52	17.13	57.59	91.15%
YM1—5	870	0.19	32	5.33	5.5	32.99	78.79%
YM1—6	750	0.15	32	3.60	7.02	62.40	92.92%
YM1—7	1357	0.24	32	10.26	11	34.31	82.13%
YM²	931	0.17	32	5.05	7.95	50.36	90.02%
YM³	2575	0.17	32	13.68	16.31	38.15	84.86%
YM4	1510	0.17	32	8.08	15.05	59.58	92.10%
YM5	1212	0.17	32	6.71	6.85	32.68	78.79%
YM6—1	850	0.17	32	4.67	5	34.29	82.13%
YM6—2	3893	0.23	32	28.07	30	34.20	82.13%
YM6—3	786	0.43	32	10.71	11	32.85	78.79%
YM7—1	1360	0.22	32	9.53	10	33.58	78.79%
YM7—2	660	0.16	32	3.34	9	86.15	95.90%
YM7—3	1502	0.18	32	9.17	10	34.90	82.13%
YM7—4	624	0.16	32	3.16	7.36	74.53	94.75%
YM8—1	1002	0.16	32	5.06	5.15	32.59	78.79%
YM8—2	5430	0.17	32	30.07	31.02	33.01	78.79%
YM9—1	1073	0.16	32	5.62	9.03	51.38	90.02%
YM9—2	1072.8	0.16	32	5.61	5.45	31.09	78.79%
YM10	6182	0.17	32	33.90	—	—	—
YM11	3162	0.18	32	17.98	—	—	—
YM12	1656	0.15	32	8.17	12.03	47.14	88.70%
YM13—1	1078	0.19	32	6.40	10.1	50.48	90.02%
YM13—2	1010	0.16	32	5.20	5.49	33.77	78.79%
YM14—1	357	0.17	32	1.90	5.24	88.14	95.90%
YM14—2	1634	0.17	32	8.93	9	32.25	78.79%
YM14—3	1020	0.16	32	5.19	8.78	54.13	91.15%
YM15—1	250	0.18	32	1.47	2.11	45.97	87.01%
YM15—2	249	0.18	32	1.45	2.01	44.32	87.01%
YM16—1	330	0.22	32	2.28	7.44	104.35	96.97%
YM16—2	1910	0.18	32	10.88	14	41.19	84.86%
YM16—3	690	0.17	32	3.73	4	34.28	82.13%
YM16—4	980	0.17	32	5.31	5	30.16	78.79%
YM16—5	4023	0.15	32	19.31	13.96	23.13	69.73%

续表

汇水分区	面积（m²）	综合雨量径流系数	设计降雨量（mm）	设计径流控制量（m³）	实际调蓄容积（m³）	控制降雨量（mm）	年径流总量控制率
YM17	3637	0.18	32	21.11	—	—	—
YM18	3296	0.27	32	28.92	—	—	—
YM19	357	0.17	32	1.89	9.38	158.85	97.81%
YM20—1	231	0.16	32	1.22	5.97	156.90	97.81%
YM20—2	1654	0.16	32	8.51	8	30.09	78.79%
YM21—1	594	0.16	32	2.98	13.48	144.79	97.81%
YM21—2	1020	0.16	32	5.24	5	30.53	78.79%
YM21—3	1100	0.16	32	5.61	6	34.21	82.13%
YM22	10843.3	0.99	32	342.03	—	—	—
YM23—1	1070	0.19	32	6.37	10.98	55.12	91.15%
YM23—2	1340	0.15	32	6.43	8.38	41.69	84.86%
YM23—3	8638	0.26	32	72.79	208.47	91.64	96.19%
YM23—4	760	0.15	32	3.65	3.74	32.81	78.79%
YM23—5	1450	0.25	32	11.60	30	82.76	95.56%
YM23—6	575	0.28	32	5.12	2.59	16.20	55.89%
YM23—7	1540	0.18	32	8.74	3.94	14.43	55.89%
YM23—8	920	0.16	32	4.61	8.35	57.99	91.15%
YM23—9	910	0.23	32	6.84	3.18	14.88	55.89%
YM23—10	1040	0.17	32	5.62	4.21	23.97	69.73%
YM23—11	1060	0.19	32	6.43	3.59	17.86	55.89%
YM24—1	1625	0.18	32	9.22	9	31.23	78.79%
YM24—2	2983	0.16	32	15.20	14	29.48	74.73%
合计	108016.8	0.27	32	932.24	1044.59	35.86	82.13%

根据量化计算结果，项目的年径流总量控制率为82.1%，可以实现控制目标要求。

桃园公园东侧为高铁广场，北侧为旅游综合体，两个项目均建设时间较短，且内部海绵设施建设空间较少，需通过桃园公园协调其雨水控制任务，协调区域的面积约为5hm²。两个项目的年径流总量控制率目标要求均为70%，对应的设计降雨量为23mm，通过量化计算，所需调蓄容积为700m³。结合公园内用地分布，分别建设3座雨水调蓄池，容积分别为300m³、300m³、100m³。雨水调蓄池采用硅砂模块，并配套建设沉砂池等净化工艺，确保收集雨水的水质，并将收集的雨水用于绿化浇灌、景观水体的补水和就近公厕的冲刷用水。

（4）特色做法

1）径流总量协调控制

对于部分建设年代较新、绿地率低、地下空间开发比例较高、改造难度大的商业综合体和广场,通过跨地块雨水协调控制,利用周边公园绿地实现其雨水控制任务,降低了其改造成本和影响。

图4-17为雨水协调控制范围图。

2)海绵设施科普展示(图4-18)

桃园公园共采用了9种不同的海绵设施,透水铺装在建设时采用了8种不同的做法,并配合了标识牌,尽可能向游客展示、宣传海绵城市理念。此外,在入口处建设海绵城市科普馆,通过模型的形式展示海绵城市建设中各类设施的结构、原理等,起到了良好的科普、宣传效果。

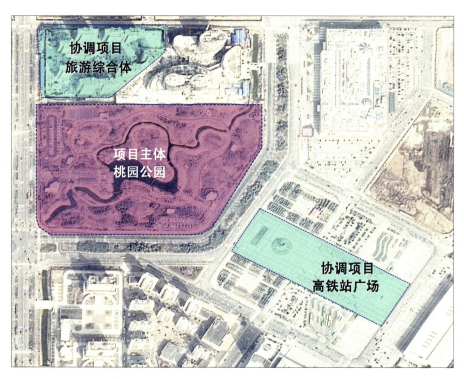

图4-17 雨水协调控制范围图

图4-18 海绵城市科普馆实景照片

4.1.5 建设成效

（1）项目投资

桃园公园为新建项目，海绵城市建设与项目主体工程有机融合，基本未新增投资。桃园公园的工程总投资为5135万元，单位面积的投资约为475元，详见表4-5。

项目投资详表（主体工程+海绵城市） 表4-5

序号	名称	数量	单位	单价（元）	总价（万元）
1	透水铺装	17000	m²	240	408
2	不透水铺装	4100	m²	300	123
3	建筑	1600	m²	2500	400
4	围墙	1955	m	1100	215
5	雨水花园	3628	m²	300	109
6	旱溪	930	m²	300	28
7	渗水池	610	m²	300	18
8	地下蓄水池	700	m³	2200	154
9	桥	1600	m²	1200	192
10	乔木	7000	棵	1500	1050
11	灌木	3500	棵	500	175
12	地被	9100	m²	200	182
13	水生植物	4000	m²	80	32
14	土方开挖	27000	m³	18	49
15	土方回填	13000	m³	24	31
16	跌水组石	3	组	20000	6
17	景观湖防水处理	11500	m³	360	413
18	卵石河床	11400	m²	80	91
19	照明系统	90000	m²	25	225
20	给水排水系统	90000	m²	20	180
21	弱电系统	90000	m²	15	135
22	淇水之塔	1	个	2000000	200
23	张拉膜景观构筑	4	个	200000	80
24	售卖亭、休息亭	8	个	15000	12
25	健身器械	18	套	6000	11
26	自行车棚	3	个	300000	90
27	标识系统	90000	m²	2	18
28	垃圾箱	150	个	1000	15
29	座凳	220	个	1200	26
30	不可预计费用（10%）	—	—	—	467
31	合计	—	—	—	5135

（2）直观效果

本项目的海绵城市建设以目标为导向,通过合理的雨水组织,实现了雨水控制与利用、涵养地下水、协调控制周边区域雨水等多重效益。

项目建设后,整体景观效果较好,实现了海绵功能与城市景观有机融合,成为老百姓休闲娱乐的理想场所（图4-19~图4-24）。

（3）达标分析

利用XP Drainage低影响开发模拟软件对本项目的建设方案进行仿真模拟,评估项目海绵建设前后在24h设计降雨及典型年间隔5min降雨条件下的径流总量控制率、径流峰值削减率和径流污染（以SS计）削减效果。模拟评估的技术路线如图4-25所示。

图4-19 建成后实景照片（一）

图4-20 建成后实景照片（二）

图4-21 建成后实景照片（三）

图4-22 建成后实景照片（四）

图4-23 建成后实景照片（五）

图4-24 建成后实景照片（六）

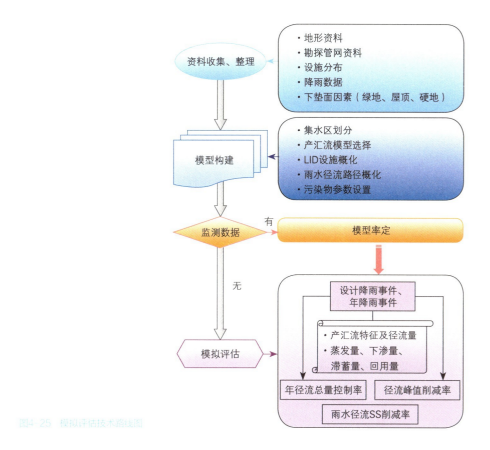

图4-25 模拟评估技术路线图

模型搭建后，对参数进行率定，并分别运行24h设计降雨和2011年间隔5min实测降雨数据模拟，统计分析结果如下。

1）设计降雨模拟

模拟1年一遇24h降雨（56.3mm）条件下项目的年径流总量控制效果和峰值削减效果，如表4-6所示。海绵建设前后出流过程线如图4-26所示。

模拟结果显示，当项目遭遇1年一遇24h降雨（56.3mm）时，年径流总量控制率为76.0%，径流峰值削减率为36.8%。

24h设计降雨下模型模拟结果表　　　　　　　　　　　　　　　　　　　　　　　　　　　　　表4-6

24h设计降雨	状态	降雨量（mm）	面积×降雨（m³）	出流峰值（L/s）	系统外排量（m³）	不外排流量比例	峰值削减率
1年一遇24h降雨量	建设前	56.3	3603.2	234	1849.1	48.7%	36.8%
	建设后	56.3	3603.2	148	865.8	76.0%	

2）典型年降雨模拟

在2011年间隔5min降雨数据下的模拟结果表明，项目的总外排水量为12412.3m³，年径流总量控制率为84.8%，满足设计目标的要求，如图4-27所示。

全年雨水径流SS削减率模拟结果如图4-28所示。根据模拟结果，年SS削减率为60.1%，满足设计目标要求。

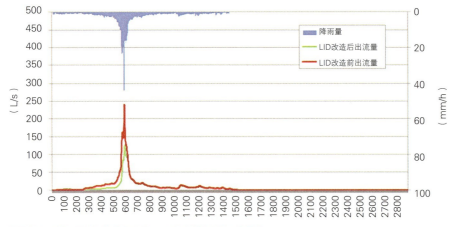

图4-26 1年一遇24h降雨（56.3mm）条件下模型模拟结果图

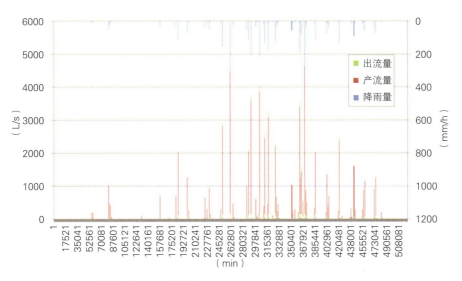

图4-27 2011年降雨条件下产流、出流过程线

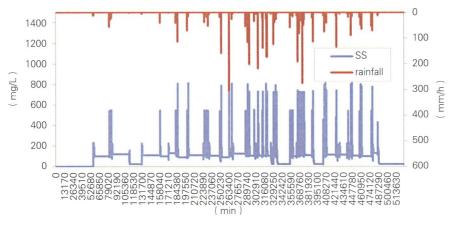

图4-28 2011年降雨条件下SS出流过程线

（4）借鉴意义

本项目通过合理的雨水组织，全面落实了海绵城市理念，此外，通过设置调蓄池等设施，协调解决其周边约5hm²建设用地的雨水控制任务，将收集、净化后的雨水用于绿地浇洒、冲厕。该公园的建设方式对于其他同类项目具有重要的借鉴意义。

第5章

内涝防治：告别"城市看海"

5.1 淇水大道易涝点治理

5.1.1 项目概况

鹤壁市淇水大道位于海绵城市试点区的淇河片区,呈南北走向,北起长江路,南至湘江路,总长度980m,为现状易涝点改造项目(图5-1)。

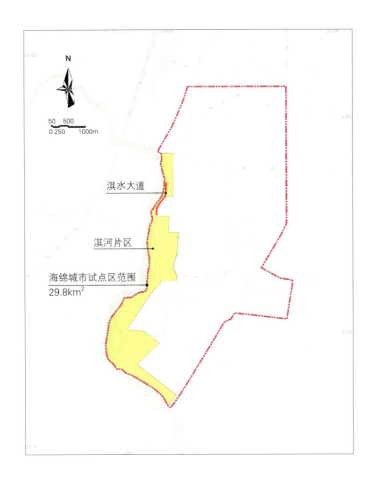

图5-1 项目区位图

淇水大道现状较窄,机动车道宽度为8m,人行道宽度为3m,现状综合雨量径流系数为0.85。项目纵向坡度变化明显,北部与长江路交叉口和南部与湘江路交叉口地势较高,中部与九江路交叉口地势最低,形成局部低洼点,平均竖坡约为5‰。现状排水体制为雨污分流制,降雨径流经雨水管道($D300 \sim D400$)收集后在淇水大道与九江路交叉口排入淇河(表5-1、图5-2~图5-4)。

项目典型断面下垫面分析表　　　　　　　　　　　　　　　　　　　　　　表5-1

下垫面类型	宽度（m）	比例	雨量径流系数
人行道	3	27.27%	0.85
不透水路面	8	72.73%	0.85
合计	11	100%	0.85

图5-2　项目总平面图

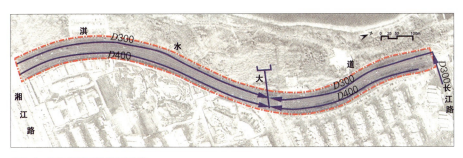

图5-3　项目现状雨水管网分布图

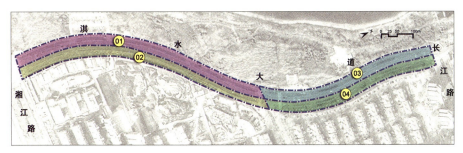

图5-4　项目汇水分区图

5.1.2　问题需求

（1）区域低洼点，雨季内涝事件频发

淇水大道北部与长江路交叉口和南部与湘江路交叉口地势较高，中部与九江路交叉口地势最低，为局部低洼点，地面高程为88.86m，比周边区域的地面高程低4m左右。因此，在降雨时其汇水范围（面积为91.4hm²）的雨水均汇入道路低洼点，导致雨期内涝事件频发（图5-5~图5-7）。

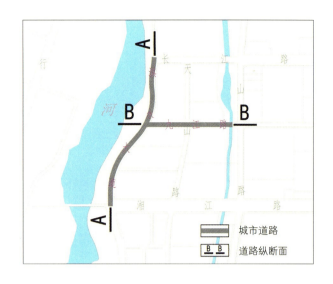

图5-5 淇水大道与相关交叉道路平面关系图

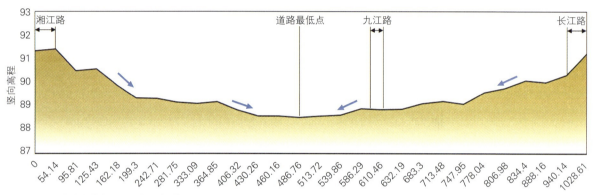

图5-6 A-A淇水大道（湘江路-长江路）纵断面图

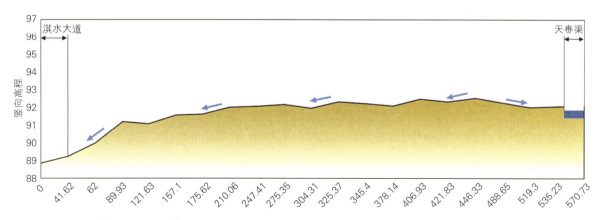

图5-7 B-B九江路（淇水大道-天赉渠）纵断面图

（2）沿淇河道路，径流污染亟待控制

淇水大道西侧为鹤壁的母亲河淇河，淇河是鹤壁的水源地，现状水质为Ⅱ类，其水环境保护要求极高。因此，结合易涝点改造，如何实现道路自身径流污染的控制也是亟需解决的问题。

5.1.3 建设目标

(1) 设计目标

根据《鹤壁市海绵城市试点区系统化方案》,淇水大道海绵城市建设项目的设计目标指标如下:

内涝防治标准:30年一遇,对应的24h设计降雨量为262.5mm。

雨水管渠设计标准:不低于2年一遇。

年径流总量控制目标:年径流总量控制率为70%,对应的设计降雨量为23mm。

径流污染控制目标:年SS削减率不低于50%。

(2) 设计原则

问题导向。以问题为导向,重点解决项目区低洼处的内涝问题。按照海绵城市理念,通过灰绿结合的工程措施,提升区域排水防涝能力,使其达到相关的内涝防治标准。

统筹协调。以排水防涝为主,兼顾城市初期雨水的面源污染治理。构建源头-过程-末端的全过程雨水控制措施,有效控制城市降雨径流污染。

系统施策。根据内涝灾害成因,通过汇水分区优化,降低排入易涝点的雨水量,并构建相互衔接的微、小、大三套排水系统,系统解决内涝问题。

5.1.4 建设方案

(1) 技术路线(图5-8)

通过分析本地降雨特征、易涝点汇水区域、场地竖向变化、管网排水能力,量化内涝成因。根据上位规划的要求,确定项目的目标与指标。通过汇水分区优化,减少汇入易涝点的径流量;通过源头海绵化改造,降低对市政雨水管渠的冲击负荷;通过雨水管渠提标改造,提高管网排水能力;通过构建超标径流入河(绿地)

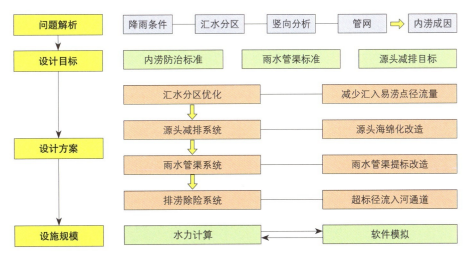

图5-8 项目技术路线图

通道等排涝除险措施，实现超标雨水的有组织排放。总体上，形成微、小、大三套排水系统的有效衔接，系统解决内涝问题。

采用水力计算和软件模拟两种方式，对设施规模进行测算，量化评估项目建设效果。

(2) 设计参数

1) 内涝防治标准

根据《鹤壁市海绵城市试点区系统化方案》，试点区内涝防治标准为30年一遇，即遭遇30年一遇降雨时不发生内涝灾害。根据鹤壁市暴雨强度公式修编结果，30年一遇24h降雨量为262.5mm，24h历时的平均雨峰位置为116/288（约40%分位）。

2) 体积控制

体积控制时针对年径流总量控制率对应的设计降雨量。本项目年径流总量控制率70%对应的设计降雨量为23mm。在小于该设计降雨条件下，通过各类雨水设施的共同作用，达到设计降雨控制要求（图5-9）。

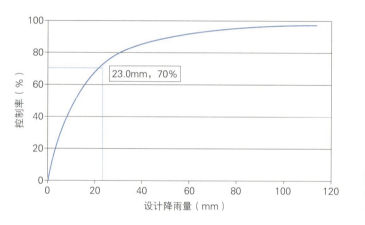

图5-9 项目径流总量控制率与设计降雨量对应关系

3) 流量控制

本项目中流量控制是指特定重现期和历时的降雨条件下，区域雨水径流能够通过雨水管渠得到有效排除。设计暴雨强度q按鹤壁市暴雨强度公式和相关参数计算。

4) 径流系数

径流系数包括雨量径流系数和流量径流系数，雨量径流系数主要用于体积控制的计算，流量径流系数用于流量控制的计算。根据《鹤壁市海绵城市建设项目设计说明提纲暨设计指引》，项目中不同下垫面的雨量径流系数、流量径流系数取值如表5-2所示。

不同下垫面径流系数统计表　　　　　　　　　　　　　　　　　　　　　　表5-2

序号	下垫面类型	雨量径流系数ϕ	流量径流系数ψ
1	不透水路面	0.85	0.90
2	绿地	0.15	0.15
3	透水路面	0.25	0.30

（3）总体方案

1）汇水分区优化

根据现状雨水管网布局以及道路竖向变化，将淇水大道汇水范围内位于天山路上的雨水管（D500）继续向南部延伸，穿越湘江路后接入其现状雨水管网（D600），并最终沿漓江路排入天赉渠。通过该措施可降低排入淇水大道现状易涝点的雨水量，优化前汇水区的面积为91.4hm^2，优化后汇水区的面积为69.7hm^2，汇水区面积减少了约24%，有效地降低了暴雨时低洼处的雨水汇集量（图5-10、图5-11）。

2）源头减排系统

通过源头项目的海绵化建设，降低对雨水管渠的冲击负荷，并实现径流污染的有效控制。

对淇水大道汇水区内建业森林半岛、鹤煤大道等项目进行海绵化改造，实现其年径流总量控制任务。在淇水大道自身的拓宽改造中，按照海绵城市理念进行建设，人行道建设为透水铺装，机非隔离带建设为生物滞留带，实现其自身的年径流总量控制任务和径流污染削减任务。此外，由于淇水大道东侧小区明显高于道路，小区的停车场径流容易散排至人行道，为了强化径流污染控制、提升景观效果，实施墙面垂直绿化。

3）排水管渠系统

淇水大道现状雨水管道的规格为D300~D400，设计重现期不足1年一遇。结合道路拓宽改造，对雨水管道按照2年一遇设计重现期进行提标改造。改造后采用双侧布管，管径为D600~D800，在九江路与淇水大道交叉口处排入淇河（图5-12、图5-13）。

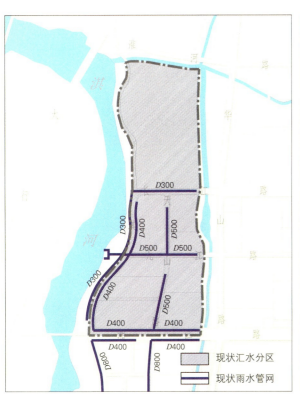

图5-10 现状汇水分区图

图5-11 调整后汇水分区图

图5-12 源头减排项目分布图

图5-13 雨水管渠提标改造方案图

图5-14 超标径流入河通道分布图

4）排涝除险系统

在本项目中，源头减排系统可以应对常规降雨，排水管渠系统可以应对2年一遇降雨，但当降雨超过2年一遇时，雨水管网满流并成为压力管，导致路面出现积水现象。因此，构建排涝除险系统应对超过管网设计重现期时产生的路面径流。

淇水大道西侧的淇水诗苑为城市公园绿地，其现状高程低于淇水大道，因此，在人行道设置超标径流入河（绿地）通道，间隔50m设一处，易涝区域共设置10处，规格为1m（宽）×0.2m（高）。当路面出现积水时，通过人行道上的超标径流入河（绿地）通道排入淇水诗苑，并最终排入淇河，充分发挥公园绿地的调蓄功能，有效解决积水问题（图5-14~图5-17）。

（4）特色做法

1）超标径流通道技术

城市遭遇极端降雨时，超过雨水管渠排放能力的降雨径流会通过路面排放，传统的建设方式会导致雨水积存在道路低点（一般会于道路与河道交叉口处），难以顺利排入河（绿地）道，进而引发内涝积水问题。通过在人行道底部开槽、协调道路与河道两侧绿地高程关系等措施，打通路面超标径流入河（绿地）路径，引导路面积水顺利排入水体，可有效缓解易涝点的积水问题（图5-18、图5-19）。

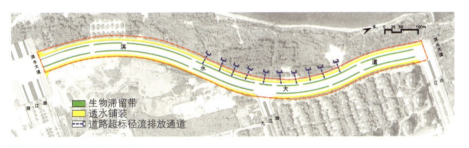

图5-15　海绵设施总体布局图

图5-16　关键节点海绵设施布局及结构示意图（一）

2）系统治理内涝技术

项目在量化分析易涝点成因的基础上，从汇水分区优化、源头减排系统、排水管渠系统、排涝除险系统等4个角度，分别提出针对性的治理措施，在实现径流总量和径流污染控制的基础上，彻底解决现状易涝问题，提升了防灾减灾能力。

图5-17 关键节点海绵设施布局及结构示意图（二）

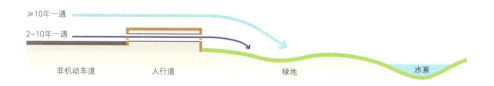

图5-18 超标径流入河通道示意图

图5-19 超标径流入河通道实景照片

5.1.5 模型模拟

(1) 模型搭建

利用XP Drainage低影响开发模拟软件对本项目的建设方案进行仿真模拟，评估项目海绵建设前后在24h设计降雨及典型年间隔5min降雨条件下的雨水径流总量控制率、径流峰值削减率和径流污染（以SS计）削减效果。模拟评估的技术路线如图5-20所示。

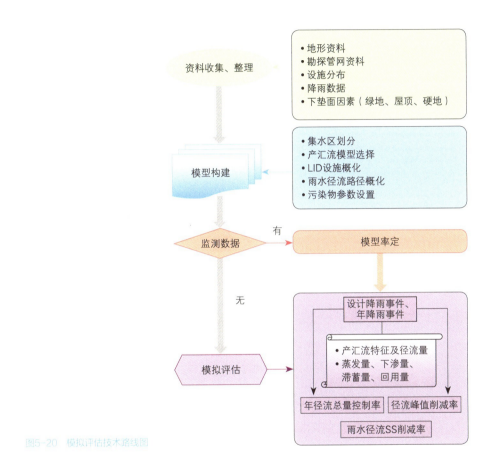

图5-20 模拟评估技术路线图

1）集水区划分及概化

综合考虑排水管网、海绵设施位置、竖向高程和下垫面种类等因素，进行集水区划分，并确定海绵设施集水区和雨水径流路径。

在模型中，将项目划分为19个集水区，总面积为3.41hm²。其中面积最大的集水区为0.37hm²，面积最小的集水区为0.05hm²，如图5-21所示。

根据各集水区的下垫面组成，获取集水区内的绿地和硬地的百分比，确定集水区的产汇流参数，包括综合CN值、初始扣损量（I_a）、汇流时间等（图5-22）。

2）管网概化

根据道路管网资料，进行雨水排水管网的概化，共计32个节点，72个连接管段（包括溢流通道）（图5-23）。

图5-21 集水区划分示意图

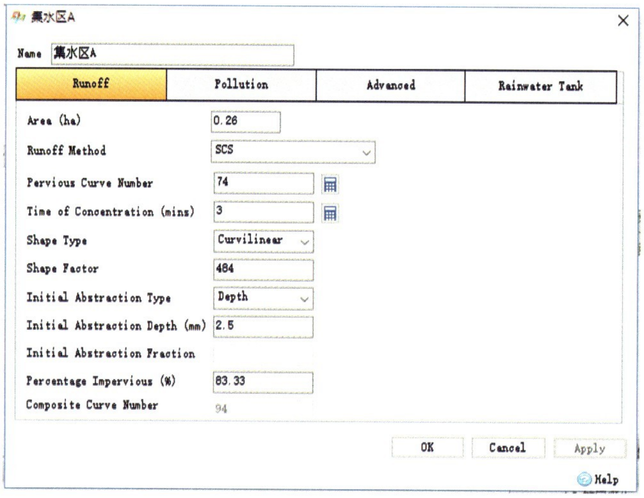

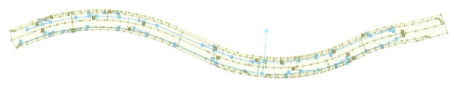

图5-22 集水区产汇流模型典型参数

图5-23 排水管网概化图

3）径流路径概化

径流路径包括集水区与海绵设施间、海绵设施与海绵设施间、海绵设施与排水管网间等类型。其中海绵设施与排水管网间又可以分为海绵设施正常出流至排水管网和海绵设施溢流至路面再至排水管网两种形式。径流路径概化图如图5-24所示。

（2）模拟结果

模型搭建、率定后，分别运行24h设计降雨和2011年间隔5min实测降雨数据进行模拟计算，统计分析结果如下。

1）设计降雨模拟

模拟1年一遇24h降雨（56.3mm）条件下项目的年径流总量控制效果和峰值削减效果，海绵建设前后出流过程线如图5-25所示。

模拟结果显示，当项目遭遇1年一遇24h降雨（56.3mm）时，年径流总量控制率为96.0%，径流峰值削减率为95.5%（表5-3）。

图5-24 径流路径概化图

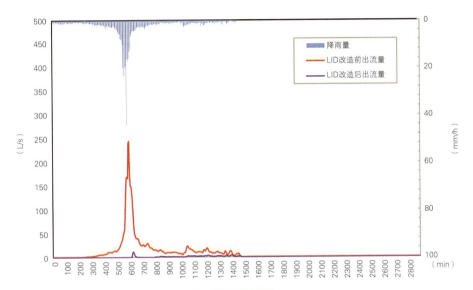

图5-25 1年一遇24h降雨（56.3mm）条件下模型模拟结果图

24h设计降雨下模型模拟结果表 表5-3

24h设计降雨	状态	降雨量（mm）	面积×降雨（m³）	出流峰值（L/s）	系统外排量（m³）	不外排径流量比例	峰值削减率
1年一遇24h降雨量	建设前	56.3	1417.2	245.3	1510.5	32.7%	95.5%
	建设后	56.3	1417.2	11.1	89.6	96.0%	

2）典型年降雨模拟

在2011年间隔5min降雨数据下的模拟结果表明，项目的总体外排水量为6413m³，年径流总量控制率为77.04%，满足设计目标的要求，如图5-26所示。

模拟2011年间隔5min降雨条件下全年雨水径流SS削减效果，结果如图5-27所示。根据模拟结果，项目年SS削减率为62.4%，达到设计目标要求。

3）排水防涝能力

利用率定后的模型运行30年一遇24h典型降雨，可以看出改造前淇水大道易涝点的积水面积为1.4hm²，最大积水深度为53cm，积水时间长达6h。改造后易涝点的积水面积为0.05hm²，最大积水深度为12cm，积水时间为0.38h，满足相关排水防涝的标准要求（图5-28、图5-29）。

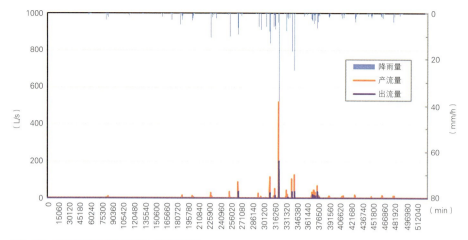

图5-26 2011年降雨条件下产流、出流过程线

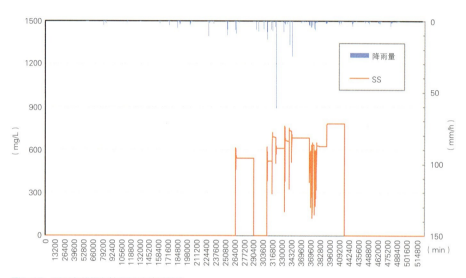

图5-27 2011年降雨条件下SS出流过程线

图5-28 改造前内涝风险区模拟结果　　图5-29 改造后内涝风险区模拟结果

5.1.6 建设成效

(1) 项目投资

本项目为结合道路拓宽的易涝点治理项目,海绵城市部分(刨除道路主体工程)的工程总投资为357.58万元,单位长度道路的海绵城市建设投资约为3649元/m,详见表5-4。

项目投资详表　　　　　　　　　　　　　　　　　　　　　　　表5-4

序号	名称	数量	单位	单价(元)	总价(万元)
1	隔水挡石	168	m	40	0.672
2	预制开口路缘石	199	个	80	1.592
3	雨水溢流口	59	个	1500	8.85
4	防雨水冲刷	59	个	50	0.295
5	防渗土工布	1232	m^2	20	2.464
6	透水土工布	1232	m^2	20	2.464
7	挖方量	5526	m^3	15	8.289
8	种植土	2456	m^3	15	3.684
9	砂滤层	1228	m^3	50	6.14
10	雨水净化与利用试验点	1	个	2000	0.2
11	砾石层	1228	m^3	50	6.14
12	透水砖	8130	m^2	230	186.99
13	雨水管道提标改造	980	m	1000	98
14	雨水管道改线	—	m	—	30
15	超标径流入河(绿地)通道	6	处	3000	1.8
16	合计	—	—	—	357.58

(2) 直观效果

本项目以易涝点治理为重点,通过合理的雨水组织和技术创新,实现了排涝能力提升、径流总量控制、径流污染控制、涵养地下水等多重效益。

同时,将海绵城市建设与道路景观有效融合,工程建设完成后,淇水大道的整体环境效果得到显著提升(图5-30~图5-36)。

图5-30　改造后海绵设施总体布局图

图5-31 改造后实景照片（一）

图5-32 改造后实景照片（二）

图5-33 改造后实景照片（三）

图5-34 改造后实景照片（四）

图5-35 改造后实景照片（五）

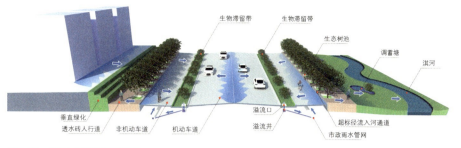

图5-36 改造后雨水流向示意图

（3）借鉴意义

本项目从汇水分区优化、源头减排系统、排水管渠系统、排涝除险系统4个角度，分别提出针对性措施，解决内涝积水问题。并创新性的采用了"超标径流入河（绿地）通道"特色技术，提供了城市易涝点治理的新思路，可为其他同类项目提供借鉴和参考意义。

第6章

城市水系：从"水墨画"到"水彩画"

6.1 护城河黑臭水体治理

6.1.1 项目概况

护城河位于鹤壁市海绵城市试点区东部，北起海河路，南至淇河，全长11.95km，始建于1994年，由农灌渠改建而成，兼具排涝和景观功能。

护城河是鹤壁主城区最重要的城市内河，城区内棉丰渠、二支渠、天赉渠等水系均排入护城河并最终汇入淇河。护城河原断面的上口宽21～23m，下口宽6m，深6～8m，南北高差约10m，河道纵坡0.8‰（图6-1）。

护城河的汇水区域包括护城河北部片区、护城河中部片区、护城河南部片区共三个片区，总面积19.6km²。其中，护城河北部和中部片区以行政办公、居住用地为主，现状基本完成开发建设；护城河南部片区现状开发比例约为65%，以商业办公、居住用地为主（图6-2）。

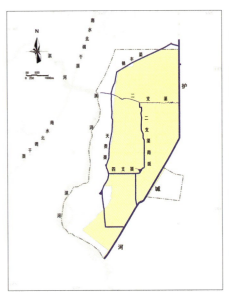

图6-1 试点区内河水系分布图

图6-2 护城河汇水区域图

护城河汇水范围内二支渠以北、棉丰渠以东、护城河以西、黎阳路以南为雨污合流制，其他区域均为雨污分流排水体制。其中，合流制片区的面积为5.4km²，占比约28%（图6-3、图6-4）。

图6-3 护城河汇水区域现状遥感卫片图

图6-4 护城河汇水区域排水体制分布图

根据统计调查，护城河现状排口共49个，其中合流制截留溢流排水口（HJ）5个、分流制污水排水口（FW）5个、分流制雨水排水口（FY）35个、分流制雨污混接雨水排水口（FH）4个。其中，分流制污水排水口（直排口）主要分布于黎阳路以北，合流制截流溢流排水口主要分布在二支渠以北的合流制区域，分流制雨污混接雨水排水口零星分布在护城河沿线（图6-5、表6-1）。

图6-5 护城河现状排口类型及分布图

现状排口信息统计表　　　　　　　　　　　　　　　　　　　　　　　　　　　　表6-1

类型	序号	位置	规格（mm）	备注
合流制截流溢流排水口（HJ）	1	淇河路西北	1200	向桥北斜着伸出5m
	2	淇滨大道西南	500×800	桥南3m、西岸
	3	九州路西南	1200×1700	桥南0.5m、西岸
	4	黄河路西北	1800×1200	桥北3m、西岸
	5	淮河路西北	2000×1600	桥北7m、西岸
分流制污水排水口（FW）	6	黎阳路北	1000	—
	7	卫河路南	800	—
	8	卫河路北	600	—
	9	海河路南	800	—
	10	海河路北	600	—
分流制雨水排水口（FY）	11	黎阳路东南	500	桥南10m
	12	黎阳路东南	500	桥南11m
	13	黎阳路东南	400	—
	14	黎阳路东南	400	—
	15	黄河路东北	600	桥北2m、西岸
	16	淮河路东北	1000	桥北100m、东岸
	17	淮河路西北	400×600	桥北10m、西岸
	18	淮河路西南	400×600	桥南2m、西岸
	19	淮河路到黄河路	300	—
	20	黄河路西北	1500	—
	21	黄河路西南	400	—
	22	嵩山路	400	—
	23	牟山路西北	600	桥北30m、西岸
	24	福田巷东南	400	桥南4m、东岸
	25	鹤煤大道东北	400	桥北60m、东岸
	26	鹤煤大道西南	1500	桥北12m、西岸
	27	六区南桥东南	500	桥南4m、东岸
	28	漓江路北	1600	漓江路桥北30m、横穿河道
	29	南海路桥下西侧	1800	南海路桥下
	30	南海路桥下西侧	1800	南海路桥下
	31	赵庄村桥西南	800	赵庄村桥南200m，河道西岸
	32	姬庄村桥西北	1000	姬庄村桥北330m，河道西岸
	33	姬庄村桥西北	1000	姬庄村桥北120m，河道西岸
	34	姬庄村桥西北	1000	姬庄村桥北60m，河道西岸
	35	姬庄村桥西南	1200	姬庄村桥南127m，河道西岸
	36	申寨村桥西北	1000	申寨村桥北400m，河道西岸
	37	申寨村桥西北	1000	申寨村桥北50m，河道西岸

续表

类型	序号	位置	规格（mm）	备注
分流制雨水排水口（FY）	38	淇水大道南	1000	淇水大道南10m、河道西岸
	39	九江路桥	800	两桥中间
	40	湘江路北	600	桥北26m、西岸
	41	湘江路南	300	桥南286m、西岸
	42	漓江路北	800	桥北2m、西岸
	43	柳江路南	400	桥南143m、西岸
	44	南海路南	800	桥南2m、西岸
	45	黄山路	600	黄山路中间
分流制雨污混接雨水排水口（FH）	46	湘江路南	1500	既有涵管向南15m、西岸
	47	柳江路东南	500	河道东岸
	48	南海路东北	1200	高铁站后，河道东岸
	49	闽江路西	600	—

护城河上游（二支渠以北）为合流制区域，现状截污干管沿泰山路由北向南敷设至湘江路，干管管径为$D1000 \sim D1300$。护城河下游为分流制区域和未开发区域，现状截污干管沿泰山路由南向北敷设，干管管径为$D1000$，沿途在淇水关路、闽江路有两处污水提升泵站。泰山路污水干管在湘江路汇合后通过$D1600$污水干管向东收集至淇滨污水处理厂。

淇滨污水处理厂位于柳江路和高速公路交汇处东南方向，现状处理能力为5万m^3/d，采用二级处理工艺，设计出水水质执行《城镇污水处理厂污染物排放标准》GB 18918—2002中一级A标准，现状收水量基本已经达到处理能力极限。

根据淇滨污水处理厂全年（2014年）进出水COD浓度检测数据，雨期（5~9月）污水厂COD进水浓度均值为210mg/L，而旱季（10月~次年4月）COD进水浓度均值为300mg/L。可以看出，由于存在雨污合流、雨污混接等问题，雨期（5~9月）存在雨水流入污水的情况，导致雨期COD进厂浓度比旱季低约80~90mg/L（图6-6）。

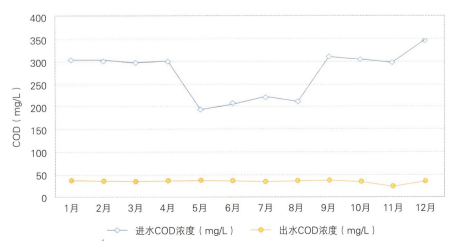

图6-6 2014年淇滨污水厂进出水COD浓度变化图

6.1.2 问题需求

(1) 水体黑臭现象明显,水质亟待提升

随着城市化的推进,护城河受到严重污染,水黑如漆,蚊蝇孳生,河水臭气熏天。鹤壁市于2015年8月15日、2015年12月21日两次在护城河4个断面进行取样检测,主要检测了COD、溶解氧、氨氮、透明度等指标。根据检测结果,护城河属于典型的黑臭水体,黑臭级别为"重度黑臭",水质为劣Ⅴ类(表6-2、图6-7)。

城市内河现状(2015年)水质监测结果   表6-2

时段	COD(mg/L)	DO(mg/L)	NH_4-N(mg/L)	透明度(cm)	黑臭级别	水质标准
丰水期	104.67	0.94	50.83	17.4	重度黑臭	劣Ⅴ类
枯水期	16	0.5	32.24	8	重度黑臭	劣Ⅴ类

图6-7 护城河实景照片(2015年)

(2) 上游以合流制为主,溢流污染严重

护城河上游以雨污合流制为主,根据排口调查,共有5处合流制溢流口。通过Infoworks ICM软件运行典型年(2011年)间隔5min降雨数据,模拟溢流污染频次。结果显示,主要排口在典型年(2011年)降雨条件下的溢流污染非常严重,个别排口年溢流频次甚至达到了50次/a以上(表6-3、图6-8~图6-16)。

合流制溢流口溢流频次模拟结果表   表6-3

溢流排口编号	1	2	3	4	5
溢流次数	21	33	43	40	53

注:此次统计单场降雨过程中的多次溢流视为1次溢流。

图6-8 试点区JLJ_01.2号合流管排口溢流过程

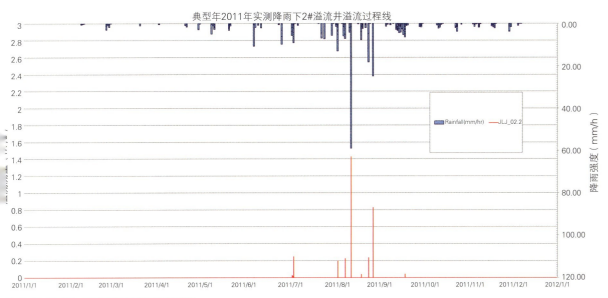

图6-9 试点区JLJ_02.2号合流管排口溢流过程

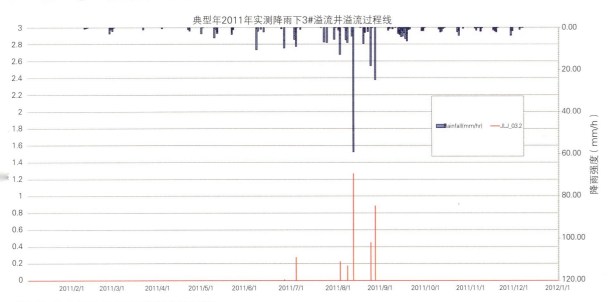

图6-10 试点区JLJ_03.2号合流管排口溢流过程

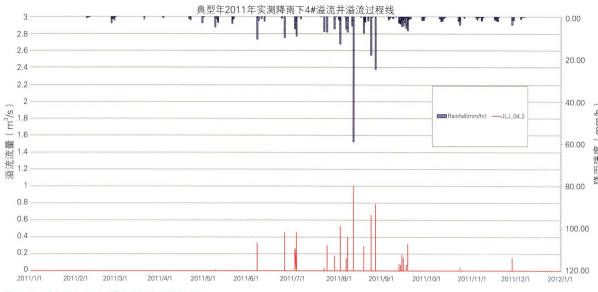

图6-11 试点区JLJ_04.2号合流管排口溢流过程

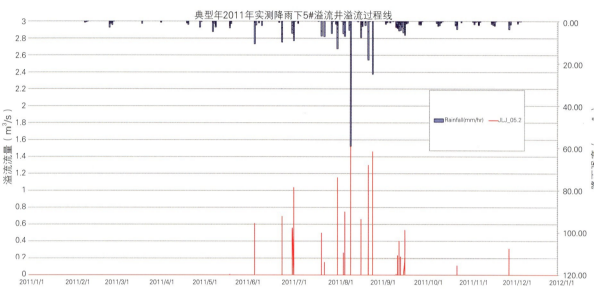

图6-12 试点区JLJ_05.2号合流管排口溢流过程

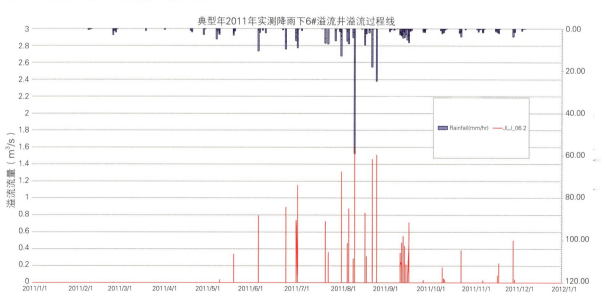

图6-13 试点区JLJ_06.2号合流管排口溢流过程

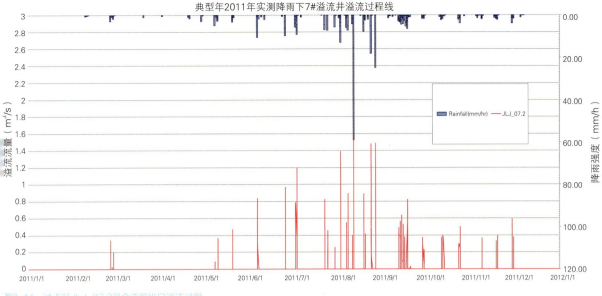

图6-14 试点区JLJ_07.2号合流管排口溢流过程

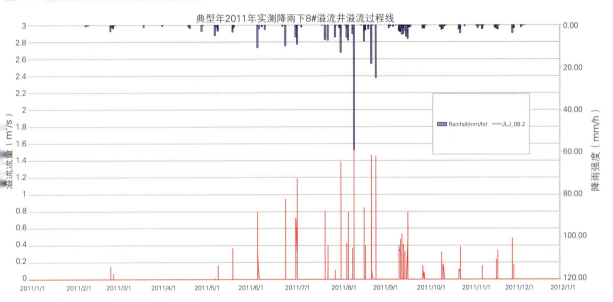

图6-15 试点区JLJ_08.2号合流管排口溢流过程

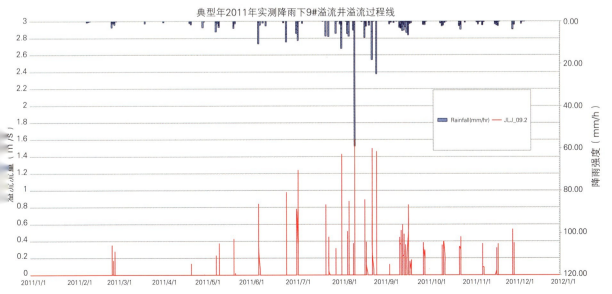

图6-16 试点区JLJ_09.2号合流管排口溢流过程

（3）岸线多数未经整治，景观效果较差

护城河的岸线多数未经整治，沿线倾倒垃圾和侵占绿地现象较为严重，植被种类单一且大量枯死，景观效果较差。护城河部分河段现状采用硬质驳岸和砌底构造，断面形式单一生硬，河道生态系统遭到破坏，自净能力极低（图6-17、图6-18）。

（4）河道存在卡脖子点，排涝能力不足

护城河在20世纪90年代进行初次整治时，为节约投资，水系与道路交叉处存在多处采用管涵的建设形式，成为水系的"卡脖子点"，在遭遇极端降雨时，这些位置容易出现拥堵，降低城市水系的排水能力，并由此带来顶托、地面排水不畅等问题（图6-19）。

图6-17 水体黑臭照片　　　　　　　　图6-18 未经整治岸线照片

图6-19 河道"卡脖子点"实景照片

（5）量化分析

1）环境容量

水环境容量计算采用公式法，以下游控制断面水质达标为条件，按一维水质模型进行计算。以《鹤壁市新城区水系专项规划》为依据，选取护城河全年各月的河道流量、河道断面、河道长度等参数。护城河进水水质为Ⅱ类，出水水质目标为Ⅳ类，COD的降解系数取$0.1 d^{-1}$。经计算，护城河全年水环境容量（以COD计）为267.42（t/a）（图6-20）。

2）污染源分析

①合流制溢流污染（含污水直排）

护城河北部片区为合流制区域，共有5个溢流口，采用典型年（2011年）降雨

图6-20 护城河逐月水环境容量分析图

数据,通过Infoworks ICM软件模拟计算,各溢流口的年溢流量为165.12万t。根据淇滨污水厂旱天进水水质检测数据,溢流污水COD浓度取250mg/L。计算得出护城河溢流污染负荷(以COD计)为412.79t/a。

②面源污染

面源污染负荷计算采用公式法,计算公式如下:

$$F_i = \sum_{k=1}^{3} H \cdot S_k \cdot \alpha_k \cdot C_{k,i} \tag{6-1}$$

式中 F_i——各污染物的面源污染负荷(t/a);

i——代表污染物种类;

k——代表不同用地类型;

H——表示多年平均降雨量(mm),取615.8mm;

S_k——不同用地类型的面积(km²);

α_k——不同用地类型的综合径流系数;

$C_{k,i}$——不同分区不同下垫面不同污染物的平均浓度(mg/L)。

统计汇水区域内的不同下垫面面积,$C_{k,i}$取值采用试点区典型下垫面面源污染监测结果,计算得出,护城河汇水区域内的面源污染总负荷(以COD计)为451.00t/a。

③混接污染

通过管网普查及现场踏勘,护城河汇水区域内雨污混接地块的面积为67.78hm²。根据淇滨污水厂进水量与其服务范围建设用地面积的关系,混接地块单位建设用地污水量取15t/(d·hm²),计算得出,护城河混接污染总负荷(以COD计)为100.97t/a。

④内源污染

鹤壁市尚未开展内源污染释放的相关研究,通过借鉴其他城市的研究结果,并考虑水系现状条件,确定内源污染释放速率。计算得出,护城河内源污染负荷(以COD计)为74.03t/a。

⑤小结

综上,护城河汇水区域内污染总负荷为1038.80t/a。其中,以合流制溢流污染和面源污染为主要污染源,占污染总负荷的83%。污染负荷年内分布不均,旱季污染负荷以合流制溢流、污水直排、雨污混接污染为主,雨期在上述污染源基础上增加了城市面源污染,护城河的逐月污染负荷变化如图6-21、图6-22所示。

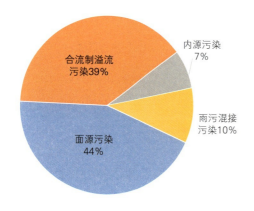

图6-21 护城河污染负荷饼图

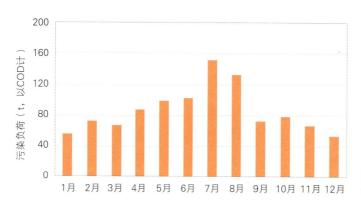

图6-22 护城河逐月污染负荷变化分析图

6.1.3 建设目标

（1）设计目标

根据《鹤壁市海绵城市试点区系统化方案》，按照"淇河水质不降低"的总体建设目标，护城河的具体设计目标指标如下：

水环境指标：消除黑臭水体、达到《地表水环境质量标准》GB 3838—2002 Ⅳ水质标准；

城市面源污染削减率：不低于40%（以COD计）；

年径流总量控制目标：汇水范围内年径流总量控制率为70%，对应的设计降雨量为23mm；

生态岸线指标：生态岸线比例不低于90%；

内涝防治标准：30年一遇设计降雨（24h降雨量262.5mm）时不发生内涝灾害。

（2）设计原则

系统治理。以水体汇水区域为整治范围，协调"地上与地下"、"岸上与水里"、"雨水与污水"的关系，统筹兼顾、点面结合、分类分策，系统治理，切实提升水环境。

灰绿结合。构建灰色设施与绿色设施相耦合的污染控制体系，通过排水管网改造、污水厂扩容等灰色设施实现点源污染的有效控制，通过源头海绵城市项目、生态岸线、人工湿地的绿色设施实现降雨径流污染控制。

因地制宜。结合黑臭水体问题成因，针对性提出工程措施。确保工程方案的可操作性，梳理工程体系与目标实现之间的关系，进行工程优化组合，综合考虑经济性、落地性和实施难度，力求做到整体效果最优。

(3) 设计参数

1) 设计降雨量

护城河汇水区域的年径流总量控制率目标为70%，对应的设计降雨量为23mm。在小于该设计降雨条件下，通过各类雨水设施的共同作用，达到设计降雨控制要求（图6-23）。

2) 暴雨强度公式

根据国家气象局对鹤壁市暴雨强度公式的修订，设计暴雨强度q按鹤壁市暴雨强度公式和相关参数计算。

3) 设计雨型

根据鹤壁市暴雨强度公式修订以及典型雨型研究成果，30年一遇24h总降雨量为262.6mm，峰值出现在116时段（5min为单位），峰值降雨强度占比为6.6%，具体雨型见本书综述章节。

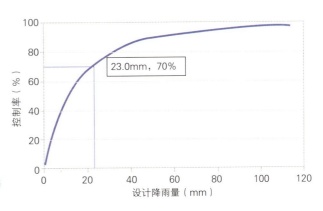

图6-23 项目径流总量控制率与设计降雨量对应关系

6.1.4 建设方案

(1) 技术路线（图6-24）

护城河黑臭水体治理的技术路线为：通过实地踏勘、资料收集、走访调研，识别护城河的主要问题，并通过历史数据调查和数学模型计算，量化分析问题成因，并合理确定护城河黑臭水体治理的目标指标体系；按照"控源截污、内源治理、生态修复、活水保质"的技术思路明确源头减排—过程控制—系统治理的全过程工程体系；采用水力计算、软件模拟等方式，量化评价建设方案所达到的效果。

(2) 控源截污

控源截污是城市黑臭水体治理和水环境改善的核心和前提，结合本项目的实际情况，针对不同类型的排口，采取针对性的控制策略。对于分流制雨水排水口（FY），源头地块和道路可进行海绵改造的，优先进行海绵改造，通过海绵城市建设削减和控制面源污染；源头改造不具备实施条件或者改造不彻底的，通过雨水口末端净化措施予以处理，处理后排放至河道。对于分流制雨污混接雨水排水口（FH），源头地块和道路可进行海绵改造的，优先进行海绵改造，通过海绵城市建设从源头解决雨污混接问题；源头改造不具备条件或者不彻底的，通过雨水口末端建设截污纳管，将旱季的污水、初期的雨污混合污水截流至污水厂。对于合流制排水口（HZ），在实现雨污分流改造前，通过末端的截污纳管，将旱季产生的污水全部截流至污水厂进行处理（图6-25）。

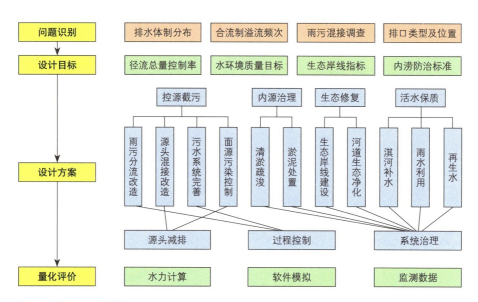

图6-24 项目技术路线图

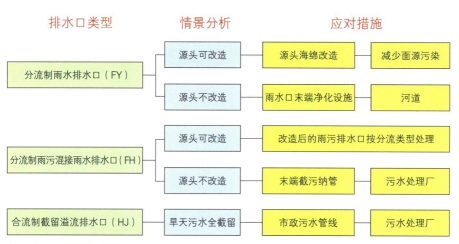

图6-25 控源截污技术路线图

1）雨污分流改造

护城河汇水范围全部采用雨污分流制。在现状雨污合流制区域，结合城市更新改造和海绵城市建设，进行雨污分流制管网建设和改造，消除现状合流制溢流污染问题，实现污水的有效收集和处理。

结合护城河汇水分区的实际情况，雨污分流改造的方式采用"市政道路现状合流管保留为雨水管、新建污水管，建筑小区内现状合流管保留为污水管、新建雨水管"的方式。对于合流制管渠作为雨水管渠后仍不能达标的管段，通过优化和调整管渠汇水分区、增设平行管渠、改造不达标管渠等措施，使其能够满足雨水管渠的排水能力要求（图6-26~图6-30）。

对于新建排水系统，在雨水设施设计、建设过程中加强雨水设施的阶段性检查及竣工验收工作，确保管网正确衔接，建立审核机制，防止开发建设中产生新的管道混接、错接；新建建筑接入现状分流制排水系统时，加大排污管理力度，对污水乱排进行控制，禁止出现雨污管道混接、错接现象。

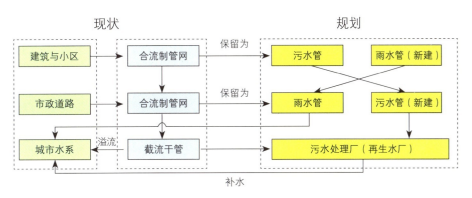

图6-26　合流制区域管网改造技术路线图

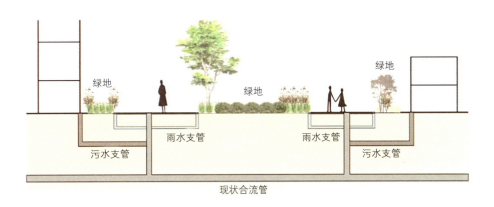

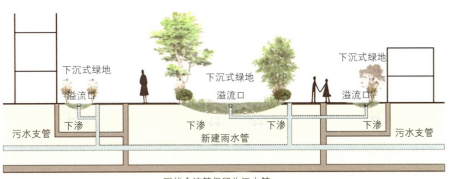

图6-27　常规小区雨污分流改造模式图

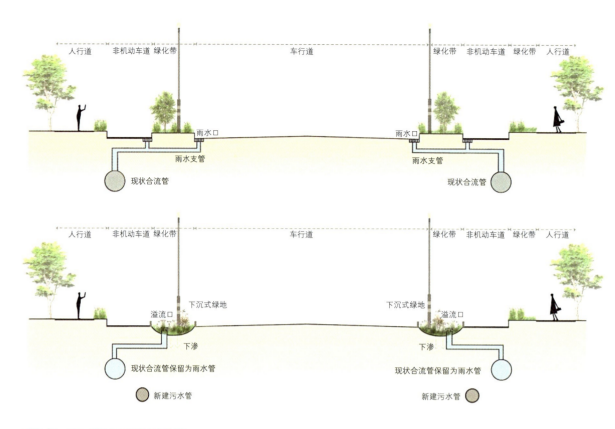

图6-28 市政道路雨污分流改造模式图

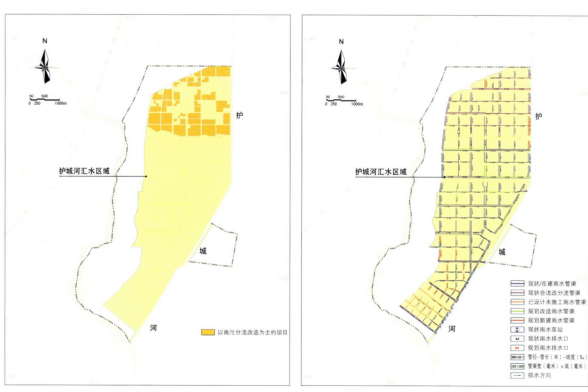

图6-29 以雨污分流改造为主的项目分布图　　图6-30 雨水管渠系统规划图

2）雨污混、错接改造

对护城河汇水范围内的雨污混、错接管线，根据其混、错接类型，制定针对性的改造方案。对于污水管接入雨水管的混、错接点，将混、错接管线予以封堵，并将污水引入下游污水管线。对雨水管接入污水管的混、错接点，将混、错接管线予以封堵，并将雨水引入下游雨水管线。按照该方式对护城河汇水区域内存在的7处雨污混、错接点进行改造（图6-31、图6-32）。

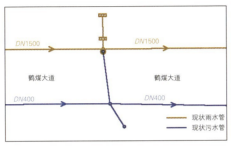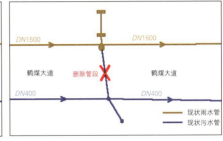

图6-31 污水管接入雨水管改造示意图

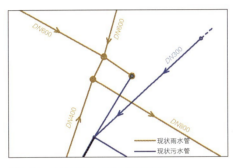

图6-32 雨水管接入污水管改造示意图

3）完善污水系统

将位于护城河上游（试点区以北）的5处污水直排口予以封堵，并在其临近入河口的市政路口建设截污管线，将其污水收集至城市污水系统。

护城河汇水区域内的污水均收集至淇滨污水处理厂。淇滨污水处理厂位于柳江路和高速公路交汇处东南，现状处理能力为5万t/d，占地面积为5.3hm^2，采用二级处理工艺，设计出水水质执行《城镇污水处理厂污染物排放标准》GB 18918—2002中一级标准的A标准。根据进水量统计数据，淇滨污水厂现状收水量基本已经达到其处理能力极限。根据污水厂收水范围的污水量预测结果，对淇滨污水厂进行扩容改造，处理规模提高至6.5万t/d（图6-33）。

4）面源污染控制

城市面源污染的控制措施主要包括源头项目的海绵城市建设、雨水管末端净化设施（雨水湿地、渗透塘等）等，考虑到护城河两侧以现状建设用地为主且空间有限，难以保证雨水末端净化设施的用地，因此主要依靠源头项目的海绵城市建设控制面源污染。

图6-33 污水收集系统规划图

① 年径流总量控制率选择

采用XP Drainage软件，对汇水范围内的合友花园、教育局、淇滨大道等20个典型项目进行建模，并输入相关的降雨径流污染数据，模拟计算出各个项目的年径流总量控制率和主要污染物削减率，通过拟合分析得到年径流总量控制率与污染物削减率的关系曲线。由于各个项目在建设时采用的海绵设施有一定差异，因此，不同的项目在同样的年径流总量控制率的污染削减效果相差是比较大的。为更加准确、客观地表示两者的关系，分别生成了平均拟合曲线（灰色）和最不利拟合曲线（蓝色）（图6-34）。

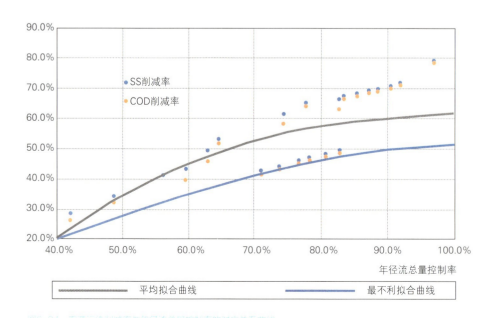

图6-34 面源总染削减率与年径流总量控制率的对应关系曲线

通过水环境容量计算，护城河汇水区域在实现点源污染有效控制的前提下，面源污染（以COD计）应削减40%才能达到水环境容量的要求，通过查询最不利拟合曲线可知，面源污染削减40%对应的年径流总量控制率约为70%。

此外，根据城市产汇流特征分析结果，护城河汇水区域内开发前的年径流总量控制率为72.43%。因此，其年径流总量控制率取70%基本可以实现开发前后水文特征基本保持不变。

②项目安排

护城河汇水范围内源头项目的选择优先顺序为：现状为合流制或存在雨污混、错接的项目，结合分流制改造、混、错接改造，同步实施海绵化改造，实现雨水的源头控制。2015~2019年的新建项目，通过规划建设管控，将海绵城市控制要求融入"两证一书"管理范畴，严格落实海绵城市理念。护城河汇水范围内的其他项目，充分考虑其建设年代、建筑密度、绿地率、地下空间开发利用率，优先实施建设年代久、建筑密度低、绿地率高、地下空间开发利用率低的项目，将海绵城市改造与项目的景观提升相结合，在实现雨水源头的控制的同时，提升小区、道路的整体环境。按照上述原则，以满足整体年径流总量控制率70%为目标，共安排202个项目。其中，建筑小区类项目123个，绿地广场类项目36个，城市道路类项目43个。具体项目分布如图6-35所示。

（3）内源治理

1）清淤疏浚

河道清淤可以清除水中的底泥、垃圾、生物残体等固态污染物，实现内源污染的控制。在清淤过程中，应合理确定淤泥的清除量，一般不宜将污泥全部清除，以免把大量的底栖生物、水生植物同时清出水体，破坏现有的生物链。结合护城河现状底泥分布情况和典型污染物监测结果，内河分段清淤深度分为0.4~0.6m、0.6~0.8m、0.8~1.0m三个等级，如图6-36所示。

2）淤泥处置

综合考虑护城河现状底泥分布、断面形式、气候条件及现场施工条件等，河道清淤采用"干挖清淤"的方式，挖掘机直接下河进行开挖作业（图6-37）。经计算，护城河清淤（含水率97%）总量约为44640t，含水率80%的淤泥量约为6696t。挖出的淤泥放置于岸上的临时堆放点，并最终运送至淇滨污水处理厂污泥处置站（处理能力200t/d），实现污泥的无害化处理（表6-4）。

河道清淤量统计表　　　　　　　　　　　　　　　　　　　　　　　　　　表6-4

名称	底宽(m)	清淤深度(m)	长度(km)	淤泥量（含水率97%）(m³)	淤泥量（含水率80%）(m³)
护城河	6	0.8~1.0	4.0	21600	3240
	6	0.6~0.8	3.2	13440	2016
	6	0.4~0.6	3.2	9600	1440
		合计		44640	6696

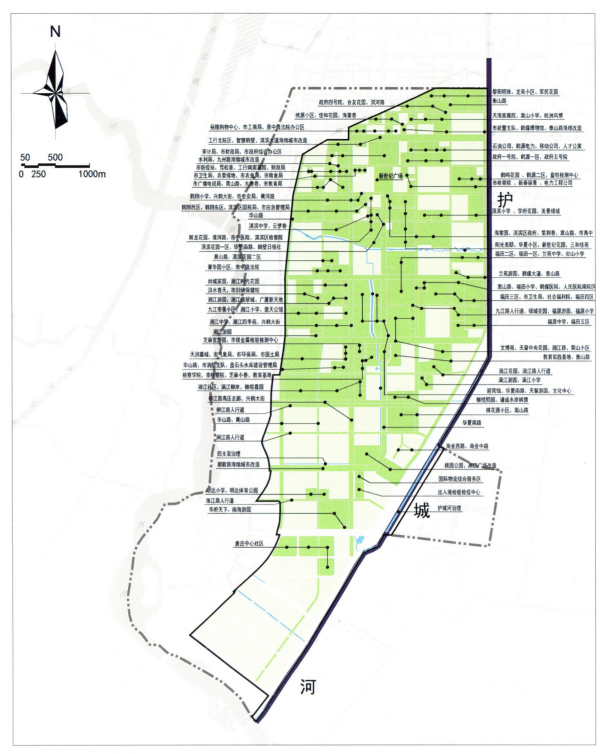

图6-35 源头减排项目分布图

（4）生态修复

1）生态岸线建设

经过排涝计算，护城河经疏浚后可满足防洪要求，不需要新建堤防。结合护城河的实际情况，生态岸线建设主要采用两种形式，一种为生态雷诺护垫加生态护坡，另一种为土工格室加生态护坡的形式，护坡高程至常水位+0.5m，护坡坡比大于等于1：1.5，如图6-38所示。

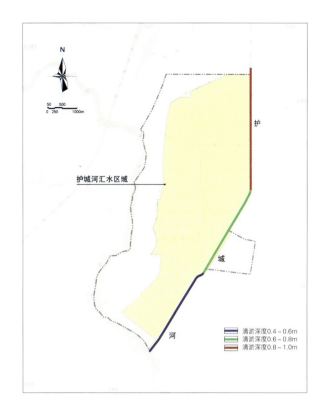

图6-36 河道清淤深度分布图

图6-37 机械清淤实景照片

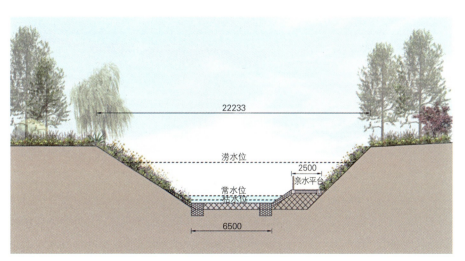

图6-38 生态岸线建设方式示意图

2)河道生态净化

在河道中种植具有水体净化作用的水生植物,利用植物的根系吸污纳垢,吸收溶解在水中的氮、磷等污染物,在光合作用的同时能够释放氧气,从而构成一个具有自净功能的生态环境。在时间上,春、夏、秋三季主要种植水浮莲、凤眼莲、浮萍等喜温水生植物,冬季种植浮萍、西洋菜、菹草等耐寒水生植物。在空间上,水面种植水浮莲、凤眼莲、浮萍等漂浮水生植物;水深1.5m内种植水葱、西洋菜等挺水植物;水深1.5~2.0m内种植菹草、黄丝草等沉水植物,从而构成一个在时间与空间上立体交叉的人工生态净化系统。在有条件的水景处设置跌水坝,对水体进行复氧,提高水体中好氧微生物的活性,加快有机污染物的分解速度(图6-39)。

图6-39 河道生态净化、跌水坝实景照片

(5)活水保质

1)补水水源分析

护城河主要包括三大补水水源,分别为城市自然降雨、淇河以及城市再生水。

①城市自然降雨

护城河的水面面积按照3.6hm²进行计算,平均水深取1.5m,则有效容积为39.6万m³。护城河的汇水区域的面积为19.6km²,根据水量平衡试算结果,依靠自然降雨产生的径流作为补水水源,5~9月基本可以保障每月换水1次,其他月份降雨补水量较少,小雨产生的降雨径流大部分会原地渗透、削减,无法实现基本换水量(表6-5)。

降雨补水量逐月平衡表　　　　　　　　　　　　　　　　　　　　　　　　　　　　表6-5

月份	降雨径流量(万m³)	蒸发量(万m³)	渗透量(万m³)	盈亏量(万m³)
1月	3.22	0.73	0.98	1.52
2月	6.29	1.04	0.98	4.27
3月	14.41	1.85	0.98	11.57
4月	20.99	2.53	0.98	17.48
5月	48.19	2.97	0.98	44.24
6月	53.71	3.57	0.98	49.15
7月	141.00	2.61	0.98	137.41

续表

月份	降雨径流量（万m³）	蒸发量（万m³）	渗透量（万m³）	盈亏量（万m³）
8月	101.46	2.27	0.98	98.21
9月	56.31	1.97	0.98	53.37
10月	24.55	1.76	0.98	21.81
11月	14.23	1.20	0.98	12.06
12月	3.31	0.78	0.98	1.55

②淇河

自2015年10月开始，鹤壁新城区的城市生活、生产用水水源全部切换为南水北调水，因此可利用原有的源水取水口和输水管线，将5万m³/d（约为1800万m³/a）的淇河水作为护城河的生态补水，这部分水量流经城市内河后，除去蒸发和渗透水量，大部分流回到淇河下游，对淇河的生态环境影响较小。

③再生水

淇滨污水厂目前可提供再生水的规模为4.0万m³/d，但其用户并未完全落实，再生水管线途经护城河，亦可作为护城河的补水水源。

④小结

综上所述，淇河可以提供稳定和优质的补水水源，同时无需任何动力运行费用，再生水回用管线经过护城河中游，作为补水水源较为方便。因此，确定淇河、再生水为主要补水水源，自然降雨作为季节性补充水源。

2）河道补水方案

护城河水质目标为不低于地表水Ⅳ类，水环境容量较小，水系补水不仅应满足河道的常水位，同时应保障河道一定的流动性和换水周期。参照北京奥林匹克森林公园等案例及《城市污水再生利用 景观环境用水水质》GB/T 18921—2019的相关要求，确定护城河的基本换水周期为每月一次（3~11月），考虑到结冰等原因，冬季（12月~次年2月）换水周期为两月一次。

护城河生态补水量计算公式为：

生态需水量=蒸发水量+渗透水量+河道容积×换水次数

其中，鹤壁市近十年的水面蒸发量平均值约为834.3mm；河道整治时采用膨润土防水毯做防渗处理，渗漏量按3mm/d计。

①枯水年补水方案

此情景是保障护城河水质的基本方案，3~11月，换水周期为一个月一次，12月~次年2月，换水周期为2个月一次。淇河补水经棉丰闸、二支闸、天赉闸分别进入棉丰渠、二支渠、天赉渠并最终汇入护城河。经计算，枯水年护城河生态需求量为360万m³/年（图6-40）。

②平水年补水方案

平水年补水方案是在枯水年的基础上，提高补水水量，使得河道形成一定

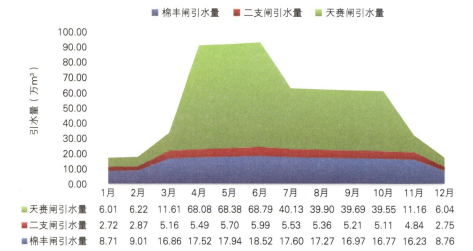

图6-40 枯水年逐月所需补水量变化图

图6-41 常见的跌水形态

的跌水景观。根据瀑布水流形态和厚度,可将瀑布形态分为以下三种:延壁流淌式(0~2cm)、悬挂式瀑身(3~5cm)和气势磅礴的悬挂式瀑身(5cm以上)(图6-41)。

考虑到护城河宽度较窄,鹤壁又为北方水资源紧缺城市,因此一般景观瀑布堰上水深选取下限值3cm,气势磅礴的瀑布堰上水深选下限值5cm,计算其断面流量分别为10L/(m·s)、21L/(m·s)(表6-6)。

水景观参数一览表　　　　　　　　　　　　　　　　　　　　　　　　　　表6-6

景观类型	断面流量L/(m·s)	堰上水深cm	景观意向
一般景观	10	>3	悬挂式瀑身
重要景观	21	>5	气势磅礴的悬挂式瀑身

平水年补水方案中，按照悬挂式瀑布进行计算。除冬季外，河道断面流量选10 L/(m·s)，冬季补水量减半。经计算，平水年护城河生态需求量为1120万m^3/a（图6-42）。

③丰水年补水方案

在丰水年适当提高补水水量，增加城市河道水系流动性，提升城市水系景观品质。因此，按照可以产生气势较为磅礴的悬挂式瀑布景观的流量计算。除冬季外，其他季节河道断面流量选21L/(m·s)，冬季补水量同平水年。经计算，丰水年护城河生态需求量为1880万m^3/a（图6-43）。

④配套工程

淇河水作为城市内河补水水源时，通过内河取水口利用自然高差基本可以实现自流补水。雨水作为城市内河补水水源时，主要通过利用现有或新建雨水管网，排入城市内河。

再生水作为补水水源时，考虑到近期再生水量以满足电厂用水为主，可以作为城市内河补水的量有限，因此近期在再生水管线与护城河交叉口处建设补水口，主

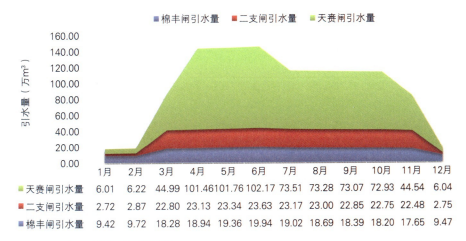

图6-42 平水年逐月所需补水量变化图

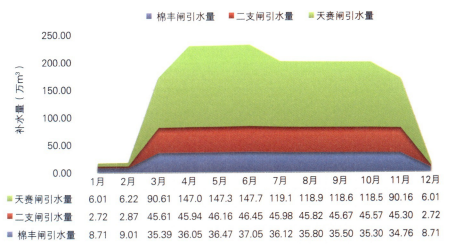

图6-43 丰水年逐月所需补水量变化图

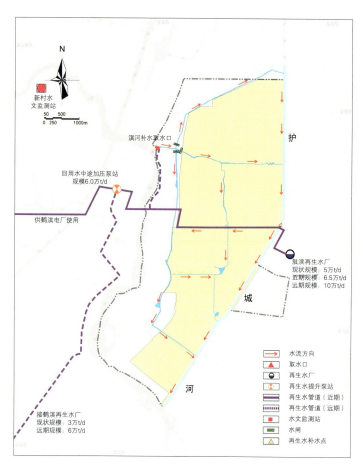

图6-44 水系补水方案图

要补充护城河中下游的生态用水,远期待再生水量富余时,自长江路沿淇水大道修建再生水管线,将再生水输送至内河取水口处,为试点区内所有城市内河补水(图6-44)。

3)卡脖子点改造

将护城河沿线的现状过路管涵改造为桥梁,消除水系"卡脖子"点,保障水系畅通,增加水体流动性,提高水系的自净能力,保障水质达标。结合现状情况和工程可实施性,护城河可改造的桥梁主要包括5处,详见表6-7、图6-45、图6-46。

涵洞改桥梁项目统计表　　　　　　　　　　　　　　　　　　　　　表6-7

序号	桥梁名称	中心桩号
1	黎阳路跨护城河桥	K1+715
2	淇河路跨护城河桥	K2+082
3	赵庄桥贺兰山路与护城河交口北50m处	K9+500
4	姬庄桥天山路与护城河交口北100处	K10+900
5	申寨桥淇水大道与护城河交口南3m	K11+450

图6-45 "卡脖子点"实景照片

图6-46 涵洞改桥梁意向效果图

（6）效果评估

基于上述建设方案，对工程实施后的护城河逐月污染源进行量化计算，结果显示，通过综合整治，可削减城市面源污染（以COD计）205.87t/a，削减点源污染（直排污染+混接污染+合流制溢流污染，以COD计）514.75t/a，削减城市水系内源污染（以COD计）60.93t/a。通过与逐月水环境容量对比，可以看出，护城河全年各月均能实现水质目标要求（图6-47）。

图6-47 水环境逐月达标分析图

6.1.5 建设成效

（1）环境效益

护城河黑臭水体治理项目实施后，河道水环境得到大幅提升，滨水空间的景观效果显著改善，呈现出"水清岸绿、鱼翔浅底"的美好景象。

根据中南金尚环境工程有限公司提供的水质监测数据和《鹤壁市护城河（黎阳路—湘江路）黑臭水体治理情况评估报告》，目前护城河黑臭水体已经全面消除，河道水质良好，全面实现了Ⅳ类及以上的水质目标（图6-48~图6-52）。

（2）经济效益

护城河黑臭水体治理项目共实施建筑小区改造类项目123个，绿地广场改造类项目36个，城市道路改造类项目43个，雨污分流、混接改造类项目2个，防洪与水源涵

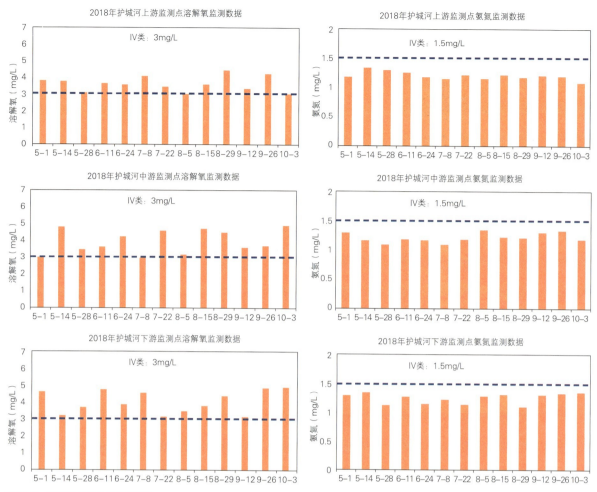

图6-48　2018年主要水质监测数据

图6-49　改造前实景照片

图6-50　改造后实景照片（一）

图6-51　改造后实景照片（二）

图6-52 改造后实景照片(三)

养类项目1个,河道治理类项目5个,总项目数为210个,工程总投资17.37亿元。

根据测算,如果采用传统建设方案,护城河黑臭水体治理项目需要实施截污干管提标、污水厂扩容、水系整治、净化湿地、混接管网改造、雨水管渠新建、改造、涵洞改桥梁等工程,总投资预计为24.9亿元。由于涉及征地拆迁,实施期限存在一定不确定性。

通过上述对比可以看出,相对于传统灰色建设方式,本次护城河黑臭水体治理项目通过采取"灰绿结合"的治理方案,节约7.53亿元,节约投资比例约为30%。

(3)社会效益

护城河黑臭水体治理后,不仅实现了"水清岸绿、鱼翔浅底",其汇水范围的小区、道路海绵化改造后整体环境也得到了显著提升,大幅提升了老百姓的获得感和满意度。有老百姓说:原先位于家门口的黑臭小河沟不见了,变成了清澈流动的水体,岸线绿化明显提升,还配建了街头游园;原先小区内破旧的停车位、枯死的植物不见了,变成了生态透水停车位、雨水花园(图6-53~图6-56)。

(4)借鉴意义

城市黑臭水体的治理是一个复杂的系统工程,应避免"头痛医头,脚痛医脚"。鹤壁市护城河水系整治项目在定量分析问题成因的基础上,采用灰绿结合、系统治理的理念,实现海绵城市与黑臭水体治理相结合,通过控源截污、内源治理、生态修复、活水保质等措施,取得了良好的建设成效,实现了"水清岸绿、鱼翔浅底",可为其他同类项目提供借鉴和参考意义。

图6-53 改造前实景照片

图6-54 改造后实景照片

图6-55 源头公园绿地项目实景照片

图6-56 源头建筑小区项目实景照片

后　记

图难于其易，为大于其细。如何从试点区273个建设项目中挑出8个典型案例，以点带面讲好鹤壁海绵城市试点建设的故事，看似简单却并非易事。本书的编写凝聚了鹤壁海绵城市建设诸多同仁的智慧和辛劳。

本书顺利出版，离不开各个方面的关心与支持。住房和城乡建设部城市建设司、河南省住房和城乡建设厅对本书提出了诸多卓有价值的指导性意见；中国城市规划设计研究院、中国建设报的技术团队从调研到形成初稿做了大量工作；鹤壁市海绵办以及海绵城市建设相关部门的同志们积极参与讨论并提出修改建议；相关案例的设计单位负责同志提供了基础素材并参与讨论修改；编写组成员对本书进行了统稿、校订、修改、完善，为本书出版做出突出贡献；中国建筑工业出版社在很短的时间内高质量地完成全书审校，确保本书如期出版。还有许多关心、支持本书出版的同事和朋友，在此一并致谢。

本书力图呈现不同类型海绵城市建设项目的典型实践案例，希望对海绵城市建设的决策者、管理者、研究者、设计者有所参考。

囿于编者水平有限，若有纰漏之处，敬请批评指正。

编委会

2020年5月

审图号：豫S〔2020年〕037号、鹤S〔2020年〕13号、鹤S〔2020年〕14号

图书在版编目（CIP）数据

绽放：鹤壁海绵城市建设典型案例=HEBI, THE PILOT SPONGE CITY: STRATEGIES, CASES AND BEST PRACTICES／刘文彪主编．—北京：中国建筑工业出版社，2020.8

（中国海绵城市建设创新实践系列）

ISBN 978-7-112-25320-3

Ⅰ.①绽… Ⅱ.①刘… Ⅲ.①城市建设－研究－鹤壁 Ⅳ.①TU984.261.3

中国版本图书馆CIP数据核字（2020）第135453号

责任编辑：杜　洁　胡明安
责任校对：王　烨

中国海绵城市建设创新实践系列（总策划　刘宏伟）

绽放——鹤壁海绵城市建设典型案例

HEBI, THE PILOT SPONGE CITY STRATEGIES, CASES AND BEST PRACTICES

刘文彪　主编

*

中国建筑工业出版社出版、发行（北京海淀三里河路9号）
各地新华书店、建筑书店经销
北京锋尚制版有限公司制版
北京富诚彩色印刷有限公司印刷

*

开本：850毫米×1168毫米　1/16　印张：13¼　字数：279千字
2020年11月第一版　2020年11月第一次印刷
定价：118.00元
ISBN 978－7－112－25320－3
（36099）

版权所有　翻印必究

如有印装质量问题，可寄本社图书出版中心退换

（邮政编码100037）